智元微库
OPEN MIND

成 长 也 是 一 种 美 好

因为我是女性

| 如何深度疗愈代际创伤 |

侯玉珍 著

人民邮电出版社
北京

图书在版编目（CIP）数据

因为我是女性：如何深度疗愈代际创伤 / 侯玉珍著
. -- 北京：人民邮电出版社，2021.5
ISBN 978-7-115-55850-3

Ⅰ. ①因… Ⅱ. ①侯… Ⅲ. ①女性心理学－研究
Ⅳ. ① B844.5

中国版本图书馆 CIP 数据核字（2020）第 268257 号

◆ 著　　　　侯玉珍
　　责任编辑　张渝涓
　　责任印制　周昇亮
◆ 人民邮电出版社出版发行　　北京市丰台区成寿寺路 11 号
　　邮编 100164　　电子邮件 315@ptpress.com.cn
　　网址 https://www.ptpress.com.cn
　　天津千鹤文化传播有限公司印刷
◆ 开本：880×1230　1/32
　　印张：8.25　　　　　　　　2021 年 5 月第 1 版
　　字数：180 千字　　　　　　2025 年 3 月天津第 10 次印刷

定　价：59.80 元
读者服务热线：（010）67630125　印装质量热线：（010）81055316
反盗版热线：（010）81055315

推荐序一
从第二性走向自己

重男轻女，虽然在有些地区是个传统，但更是糟粕。

我的女性来访者大多来自重男轻女现象严重的地区，我也真切地看到了重男轻女对她们的伤害。

因此，我想请一位资深的女性咨询师来谈谈在重男轻女传统中长大的女性的种种问题以及疗愈方法。

在这方面，侯玉珍老师是非常好的人选。她在严重重男轻女的地区和家庭中长大，遭遇了一系列经典问题，又凭借自身的力量以及心理咨询专业带给她的各种支持，逐渐解决了这些问题。

我第一次和侯老师在公司的办公室讨论这个课题时，发生了一件有点特别的事情。

可以看到，侯老师准备得非常充分，而且她的体会非常深刻。谈着谈着，我开始浑身发冷，赶紧去加了件衣服，还给自己倒了杯热水。

因为，在严重的重男轻女中，的确藏着太多人性的冷。

我讲几个故事吧。

我曾为一位男士做咨询，他预约了两个小节，即两个 50 分钟。

在前一小节中，我们两个人都困得昏天黑地，甚至不能对话。

这是在咨询中很容易发生的事情。这种昏沉可以被理解为一种防御，而当我和来访者都允许各自沉浸在这种昏沉中时，心底常常就会自动冒出一些答案。

这位来访者是我的长程个案，也多次体验过这一点，于是我们试着闭上眼睛安静下来，干脆就沉浸在这份昏沉中。

以前沉浸一小会儿，答案就有很大可能自动呈现。但这一次不同，答案迟迟没有冒出。

这份昏沉持续了几十分钟，突然间，他冒出了一句话：我老婆怀孕了……

这句话一出，我们两个立即变得清醒无比，那份严重的昏沉一扫而光。

接下来他说，他非常担心老婆怀的是女儿，他自然希望自己是尊重女性的知识分子，不希望自己重男轻女，但是这份担心的确非常严重。他发现自己竟然如此重男轻女，这让他觉得自己不是好男人、好父亲，他实在不想直面这一点……

他的担心中有一份特殊性。他家境富裕，而且他发现，在他们当地，如果富人没有儿子只有女儿，就会有大麻烦，例如女婿都想抢女方家的钱，而且理直气壮，这还会被当地人视为美谈。

另一个故事也可以验证这位男士的担心。

我的一位女性来访者，堪称我最佩服的人。她在物质非常匮乏的家庭中长大，后来成长为人格非常健全的人，而且还活得非常自在，是活出了自己的人。

她来找我是因为亲密关系的问题。她最初就说，除了两性关系，她觉得自己的人生堪称完美。当然这是一种感觉，是一个活得洒脱自在的人的感觉，毕竟童年和成长中的各种痛苦都被她一一化解了，所以她觉得这些不算问题。

当时，她老公对她的强大抱有严重的嫉恨和不认可。她越强大，他的老公在她面前就越偏执地表现出大男子主义。她最初想配合老公的自尊，但后来觉得这样太压抑，必须改变，因此才来找我。

在咨询中我发现，她曾经的男朋友几乎都是"渣男"，都在执着地表达大男子主义。我们针对这个问题探讨过多次，后来倾向于一个结论：在当地，这就是一种共识、一种文化，即都在鼓励男人的大男子主义；如果妻子很能干，男人虽然享受了好处，但面上无光，于是会更执着地表达权力欲。

我再讲一个故事。

她是一位让我印象非常深刻的女性来访者。刚来找我时，她堪称自我最虚弱的人，虽然受过高等教育，但人有点儿混混沌沌，非常不会保护自己，在"夫家"严重没有地位。

本来这不该被称为"夫家"，因为这是她和丈夫共同买的房子，是她自己的家。但她在其中却是最没有权力的人，而家庭中的权力序位是：婆婆第一、丈夫第二、小姑子第三、孩子第四、公公第五、她最末位。

她的咨询，相对来说不是那么精彩。她的咨询时间虽然跨越数年，但常常是几个星期来一次，所以次数不算多。但在这个过程中，我看到了她的惊人变化，她逐渐成为非常有力量甚至还有点"野蛮"的女性，她的自我全面展开了。并且她把婆婆等人请出了自己的家，终于成了女主人。

对此，我的理解是，也许她天生如此，但在她的原生家庭中，她被严重地忽略乃至虐待。他们家的前几个孩子都是女孩，最后一个孩子是男孩。这种家庭结构是重男轻女之风盛行地区的常见结构。

这种成长经历让她严重不自信，因此活得没有风采。但经过她自己的种种努力，以及并不算多的咨询的支持，她的人格竟然出现了巨大成长。

在咨询后期，一次她春节回来，那一次咨询的时间是 50 分钟，她讲述了二三十个娘家和婆家的不同习俗，有些习俗非常具体，有些习俗很抽象。总之，这些习俗都是对女性，特别是对媳妇的打压。

她谈着谈着，我再次感同身受，觉得简直就像有二三十根针刺进了我的身体，而这当然也是她的感受。

　　可以说，过去她之所以活得如此卑微无力，就是因为被这些重男轻女的针伤害着、压制着。当这些针被逐渐拔出后，她的生命力就完全不同了。这个时候的她，才是她自己。

　　法国思想家西蒙娜·德·波伏瓦有一部名著《第二性》，这本书从各个方面剖析了在男权社会中，男性是"第一性"，而女性是"第二性"，或者说男性是主体（the one），女性是他体（the other）。

　　我在大学时读过这本书，其中一个说法令我印象深刻。她说，女人常常被视为神秘的、难以言说的、不可捉摸的女神。这是因为，女性不能以自己为中心来构建自我，因此必须绕圈子、隐藏自我，这构成了男人眼中的神秘。

　　当最后这位女士能彰显自我时，她就变得非常简单直接，有时会让大男子主义的老公非常生气。不过在一次沟通中，她的老公向她坦承："以前你很听话，都是我说了算，但我不尊重你，也不爱你；现在你有时很烦人，但你非常有力量，我开始尊重你，也真的开始爱你了。"

　　至于第二位女士，她是一个大写的人，是在物质匮乏的家庭中长大并活出了自己的人。她做事坚决果断，做选择时一直听从内心，一旦做了选择就会全情投入，不愉快时也会直接表达，最后断定一些事情不能接受时，她会立即下定决心放弃，放弃后她也能如实看待这一切。

她说自己的人生堪称完美，除了亲密关系。因为在两性关系中，她遇到的男人都想凌驾于她之上，或者说，都想拥有一份控制她的权力。这是男权社会中的男人对自己的女人的一种权力。这份权力与现实不符，毕竟她能力更强，财富也更多。但是男人的权力欲在他们当地却被视为合理，因为严重的重男轻女传统在当地一直存在。这种心理以及对现实的严重违背，导致这位杰出女性的两性关系出现了这样一种问题——她的优秀构成了对亲密关系的诅咒。她越是优秀，她的伴侣的心理就越是奇怪，就越要在她面前彰显男权。

她曾经想过委屈自己，但很快发现行不通，因为已经活出自己的人不可能让自己陷入第二性状态，更何况，那的确相当于要经历很多次针扎。

我们正处于巨大的时代变迁之中，两性的权力也在发生剧变。文明的发展和互联网的存在，让女性有了越来越大的空间做自己。例如，做自媒体的人几乎都觉得，女性群体是自己的主要受众，得罪不起。

可以说，当代社会正在形成一些新的社会想象系统，这套系统更尊重个人，更在乎两性的平等。然而，我们的内在心灵，很容易被旧的社会系统牵扯，仍然更重视家庭、家族等集体，并且无论男女，太多人仍然在相当程度上活在重男轻女的观念中。对女性而言，她们特别需要觉知并拔除那些重男轻女的针，然后走向成为自己之路。

在这一点上，侯玉珍老师有太多的话要说。正如开始所言，她来自严重重男轻女的地区，因为原生家庭重男轻女，自己构建的核心小家庭也会被婆家强烈的重男轻女的观念所影响。她的一生中，有很多次状态非常糟糕的时候。所幸，她有自己的力量，并且借助心理咨询，包括为来访者做咨询和自己被咨询，以及系统的心理学学习，她逐渐从第二性状态走向自己。

我刚认识侯老师时，她正处在一段黑暗期，那时的她习惯于退缩，还带着一种神秘性，说话也是小声、婉转的。但当她走出那段黑暗期后，我看到她熠熠生辉、光彩照人，说话做事都干净利落，同时又充满温度。

她不仅让自己基本完成了这种转变，也通过丰富的咨询工作，帮助不少女性实现了这一转变。作为身处其中的女性咨询师，她有无数深切的体验，同时她也有系统的梳理，所以我们合作推出了她的课程，现在还推出了这本书。

相信这本书会触动无数女性，愿每位女性都能从第二性状态走向自己。

武志红

推荐序二
作为男性的自由联想

当侯玉珍女士把她的新书书稿寄送给我并邀请我为此作序时，我猛然被这本书的书名"因为我是女性"所惊讶，它如此坚决、充满自信和有力量。这让我对这本书产生了很多好奇，在这样一个带有女性宣言意味的书名下，作者想要告诉我们一些什么样的故事呢？

当我读完本书，另外一个问题一直萦绕在我的脑海里：作为一个男性，我能为她写点什么样的文字呢？我想了很久也没有找到答案。但是精神分析的训练，让我掌握了一个屡试不爽的法宝，即"自由联想"，它由弗洛伊德在《癔症研究》中首次提出，并最终成为精神分析领域治疗病人的法宝之一。"自由联想"这个词比较冠冕堂皇，也可以被理解为胡言乱语、胡说八道。只不过，弗洛伊德认为，真正达到胡说八道的境界也不是那么容易的一件事。

言归正传，我来对这本书做一点自由联想。

我在临床工作中，遇到过很多女性，其中的一些人来自重男轻女的家庭，没有被母亲很好地照顾，在身份认同方面存在困难。记得在一次案例讨论中，有一位学员提问：针对这样的案例，国际上有没有专门的研究文献可供阅读？而我的问题是，你怎么理解重男轻女这个现象？我的答案很简单，这个现象的背后是分裂、男好女坏、非黑即白。如果跳出重男轻女这个现象本身，分裂可能表现为重白轻黑，还可能表现为重富轻贫。分裂是人类的本能反应，只要有阴阳的地方就有分裂。有意思的是，分裂还会有否极泰来的表现。女性被贬低久了、压抑久了，就会反抗、报复。

我在临床工作中遇到的另外一个有意思的现象是"妈宝男"。很多男性到了中年还像个小孩子一样生活在妈妈的羽翼下，这难道不是对重男轻女的反制，不是男性被阉割的象征？由此，我是否还可以推断，今天的重男轻女现象可能也是当初男性被女性压制太久以后的否极泰来？这样想下去，要研究和探索的内容恐怕要牵扯一大串，就此打住。

另外，这本书详细讨论了如何深度疗愈代际创伤的问题。代际创伤又是一个非常有趣和残酷的现象。侯玉珍女士在书中详细分析了创伤的类别、成因和处理方式，简单易懂且实用，此处不赘述。而且本书主要针对女性，书中的大量案例都提到了母女关系，以及母女关系如何影响下一代子女，特别是女儿。从表面上看，这些关系似乎和男性关系不大，都属于女性的纠缠不休。我的问题是，这些纠缠背后的主谋会不会是那个不声不响、老实巴交或者根本不在场的祖父、父亲或丈夫？俗话说，"一个巴掌拍不响"。要分裂就要有好有坏，有阴有阳。用精神分析的术语——俄狄浦斯情结来说，三元关系的三个角缺一不可。某个角缺失了或者占据了独特的位置，那么另外两个角就只能形成纠缠不休的二元关系。我在临床工作中遇到类似情况时总会问一句"爸爸去哪了"。如果男人在家庭关系中置身事外，或者总是做那个理想化的好人，那么这本身就是在告诉我们，这个男人"弱爆了"，他们有什么资格"重男轻女"？男人重在哪里？如果要真正显示男人的"重"，他们是否需要有所担当，阻止家庭中的代际创伤？

　　我在想，如果有一天我也想写点什么，如果是因为受到《因为我是女性》的启发，我是否要写一本《因为我是男性》？这或许也是侯玉珍女士邀请我为她作序的无意识原因吧？其实，我们这个社会里的男性又何尝不是身处分裂的陷阱并不断遭遇创伤的受害者？我可以罗列的现象有很多，上面提到的妈宝男只是其中之一。还有的男性即便成为独立成熟的个体，似乎也缺乏阳刚之气。为什么千里走单骑的关云长、血溅鸳鸯楼的武二郎、虎门销烟的林则徐在现代社会中越来越少？男性女性化的现象也是一个非常值得研究的问题。

我相信，侯玉珍女士的这本书只是一个开篇，对当代的男性女性而言，家庭和代际创伤的话题可以探索和深入研究的内容实在太广泛了，我也期待着她可以在这本书的基础上再接再厉，有系列著作诞生。

王虓

自序
透过母亲，看见自己

我是两个孩子的母亲。20 世纪 70 年代出生的我，在原生家庭、夫家家庭和社会文化中经历了女性身份带来的种种困顿，这些经历带给我许多痛苦，但同时也为我理解、思考和反思女性的生存环境提供了动力。

十几年的心理学学习和与之相随的自我成长，让我有勇气面对过往经历中的种种不公：曾经遭受的不公平对待，对女性性别的限定、歧视甚至鄙视……也许对很多女性而言，在原生家庭中自己是"外人"，在婆家依然是"外人"，甚至很多女孩自出生起就不被家人期待，她们被抛弃、嫌弃或从未被妈妈好好爱过。

很多女孩结婚之后处境也并没有好转，她们得不到丈夫和婆家的尊重，作为女性的价值似乎更多地体现在成为母亲，或者说是生一个儿子。生儿育女常常被认为是女性的责任，她们在生育、养育孩子的过程中面临的困境常常得不到理解。比如，有很多女性患上了产后抑郁症，而这有时竟然被认为是矫情的表现。

全职妈妈的困苦常常是在婚后多年才显露的。她们中的一些人将自己人生中最美好的年华给了婚姻和家庭，但在某一天夫妻感情不和而被迫离婚时，全职妈妈往往没有能力承受离婚的代价，因为她们既没有收入，又没有其他经济保障，因此得不到孩子的抚养权。妥协也许是她们心酸但又不得已的选择。

身处职场的妈妈也非常不容易，她们不仅要从事一份养家糊口的工作，还要照顾家庭和孩子。这样的艰辛只有身在其中的人才能真正理解，而很少有丈夫能意识到这些并因此给予妻子更多情感上的支持和帮助。在这种情况下，孩子对妈妈的爱就容易成为妈妈的精神支柱，这也是妈妈和孩子在心理上难以分离的原因之一。

我自己也经历着女性身份带来的问题，也常常因此陷入困境，但我一次次从深渊里爬出来。哪吒那句"我命由我不由天"一直是我内心的信念。无论过去经历了什么、被怎样对待，我都想走一条自己的路。人生不应由过去的悲苦所限定，而应由我自己书写。

我的亲身经历以及临床中来访者的共同经历促使我思考女性的议题，理解当前社会文化背景下女性的生存环境，不断思考"母亲"这个角色的真正意义。我希望每一个女性，无论作为女儿还是作为母亲，都能够活出自己，过好这一生。

列夫·托尔斯泰在《安娜·卡列尼娜》中写道："幸福的家庭无不相似，不幸的家庭各有不幸。"

本书我想写母亲，这是因为，基于对传统文化和心理学的研究，我发现，我们的幸福与不幸在很大程度上都与母亲对我们的养育方式有关。母亲是生命的孕育者，也是家庭的灵魂。

唐纳德·温尼科特（Donald Winnicott）和约翰·鲍尔比（John Bowlby）等近代英国心理学家都提出：母亲对孩子的人格会产生决定性的影响。母亲养育的质量直接影响了婴儿大脑神经系统的发育程度。由于母婴关系天然的潜意识通道，母亲的人格特点和创伤会通过养育方式一代一代地传递下去。因此，对女性而言，和母亲的内在联结既可以是力量的源泉，也可能是混乱的根源。

在很大程度上，孩子与母亲的第一段关系决定了他们的自我认同和自我价值观。同时，这段关系也将为其人格的发展奠定基础。一个人的安全感、信任感、创造力等都受此影响。

在特定的一段历史里，从女孩到妻子到母亲，女性总是处于他者和附属的位置，遭受了很多不公平的对待。但是，也有很多女性认同这样的做法，并且通过教养孩子的方式传播这一思想。在我的日常生活和咨询工作里，我听到了许多让人愤怒又哀伤的故事。很多女孩被贬低、被不公平对待，有时，实施这些行为的竟然是她们的亲生母亲。

我们真的需要重新审视并好好思考这些问题！

心理学研究认为，这些现象涉及"代际创伤的传递"和"文化认同"。如果母亲因为自己的性别而在个人成长过程中遭受过一些苦难，她们很可能在长大成人、为人母之后，让自己的女儿遭受同样的经历。这是一种强迫性重复。

这样的重蹈覆辙实在让人感觉心酸、可悲，同时又令人震撼。

孩子不需要再经历一遍母亲曾经遭受的痛苦。作为母亲，我们可以找到一条自我救赎之路。不管是从母亲那里遭受的创伤，还是我们可能传递给孩子的创伤，这些创伤的传递是可以被阻止的。因此，我们需要重新审视与母亲的关系，找到生命源头的创伤，看见它、修复它。通过修复创伤、阻止创伤的代际传递，我们可以重获母性的力量，塑造独立、自由的女性身份，成为更有力量的自己。

一位诗人曾说："在自己身上找到幸福并不容易，但在别的地方找到幸福是根本不可能的。"

如果我们想要一个更加欢喜的人生，的确需要给自己更多支持和成长的可能性。我希望本书能够帮助你探寻和母亲的关系，进而发现内在的核心关系模式；帮助你自我发现和成长，走出养育孩子的困境，拥有母性的力量，让创伤和痛苦终止在自己这一代；帮助你带着好奇的、开放的心态，洞察自己和他人的情绪情感，并理解背后的原因；让你能放下自己的过去，拥抱内在小孩，发展自己的女性力量，成为独立的自己。

虽然你不一定能成为更好的自己，但是当你阅读本书时，你已经走在成为更好的自己这条路上了。也许，这一路上并不总是轻松、舒适的，也许你会因为痛苦、内疚而想要回避，这都很正常。

本书谈到许多与母亲有关的伤害，但是，这并不是要将我们的苦难归咎于母亲，而是要透过母亲看见自己，更好地理解自己内在的情绪情感以及认知行为模式。只有了解了自己，才有可能改变自己。

我们虽无法选择自己的父母和性别，但可以学会透过母亲看见自己，彼此联结从而疗愈自我，实现更好的自我成长。

目 录

第一部分
ONE

你的母亲如何影响了你

因为我是女性
如何深度疗愈代际创伤

第一章

代际创伤：母女关系的爱与恨

母亲是生命的孕育者，也是心灵的母体

一直以来，我对我的母亲有着非常复杂的情感。我的成长经历和许多女性一样，既受到重男轻女观念的影响，又深受我母亲人格的影响。我的脑海里有许多对她的回忆，如今她已经满头白发，每每看着她，我内心依旧涌动着悲伤和愧疚的情绪。外出求学之后，我很少再和母亲长时间生活在一起。如今，我依然忍受不了她喋喋不休的抱怨，以及永远觉得我很好，而我的爸爸和弟弟都不好的想法。她的肯定虽然让我自己感觉良好，但也迫使我努力成为一个乖女儿，这让我不堪重负。

因为受训于精神分析，我知道我的母亲心理发展水平不高。在我的记忆里，我的外公很慈爱，但在母亲小的时候，他常常暴打她，作为长女的她也从来没有受教育的机会。我对母亲有着非常复杂的

情感，我无法和她好好交流，我们就像两个世界的人。但是，我知道我的内在和母亲紧紧联结着。我爱她，又离她很远，这有时候会让我感到愧疚。

我想，与母亲之间这种复杂和矛盾的爱恨情感，是许多女性都体会过的，而这些复杂的情感也会在女性和自己的孩子、丈夫甚至婆婆的关系中得到体现。

我的母亲是一位淳朴的农村妇女。我在很多方面都和她不同，比如，她认同并遵从传统文化观念，哪怕是男尊女卑这样的落后观念；而我虽然戴着乖乖女的面具，但骨子里很叛逆，且追求独立。年轻的时候，我不怎么喜欢我的母亲，甚至有些瞧不上她，也许，这正是我不认同她的原因，这一点可以用心理学中的反向形成解释。即使到了如今，我仍在反抗对待女性不公平的行为，这甚至成为我未来努力的方向。

虽然母亲的心理发展水平不高，但她的情感很饱满，她把所有好的情感都投射给了我，而把不好的情感都投射给了我的弟弟。这在重男轻女的环境里是很反常的事情，所以村里的人说我母亲重女轻男。我的母亲总认为我的弟弟不好，这种观念潜移默化地影响了我的弟弟，使他发展得很不理想，常常表现得暴躁和焦虑。我想，是我母亲对我做出的好的、积极的回应，才让我拥有了丰富的情感体验能力。

这种情感体验能力指的是理解、感受自己和他人情绪、情感的能力，这是非常重要的。于我而言，这决定了我能否理解我自己、我的孩子和我的来访者。这样饱满的情感是我母亲给予的，我对此心怀感恩。

近代依恋理论、客体关系和神经心理学研究都认为"母亲对孩子的人格具有决定性影响"。

母亲不仅用身体孕育了我们的生命，还通过情感纽带孕育了我们的内在心灵。

如果把我们的内在人格比喻成一栋房子，那么，母亲给予我们的爱就是房子的地基。高品质的养育能让孩子拥有健康而成熟的人格，就像房子有坚实的地基，可以抵御台风、抗地震；而低品质的养育会让孩子充满不安全感，可能导致孩子一生都觉得自己很糟糕。没有安全感的孩子就像一栋地基不牢固的房子，未来的很多情况，比如学业受挫、事业失败、与恋人分手等，都可能令房子倒塌，也就是说，这个人面对挫折时更容易崩溃。

因此，高品质的养育对人的成长至关重要，而这在很大程度上取决于母亲人格发展的成熟程度。

简单来说就是，对有些家庭而言，母亲的人格特质决定了养育孩子的质量，而养育质量为孩子人格的发展奠定了基础。

人格不成熟或有问题的母亲，有的会和孩子共生而难以分离；

有的会把孩子视作自我的一部分加以控制，把自己内在那些无法承受的东西投射给孩子；有的会在情绪崩溃时歇斯底里，甚至发泄情绪、殴打孩子；有的会严重忽视孩子，等等。这些养育方式都会给孩子的内心带来可怕的灾难，使孩子成年以后也难以有基本的安全感、信任感，或者无法与他人建立良好的亲密关系，使他们常常做出躯体化的表达、发泄，造成身体上的各种疾病，等等。

而一个人格成熟的母亲，会把孩子作为独立的个体来爱，会理解、回应和支持孩子内在的需要、欲望和各种情绪情感。

母亲要让孩子有足够的安全感和信任感，待孩子长大之后，无论身处怎样的困境，在转身回头的时候，都会发现身后有父母。电影《无问西东》中陈鹏对王佳敏说："你别怕，我就是那个给你托底的人，我会跟你一起往下掉，不管你掉得有多深，我都会在下面给你托着。我什么都不怕，就怕你掉的时候把我推开，不要我给你托着。"看电影的时候，这句"我就是那个给你托底的人"让我泪流满面。我知道回头身后没有人的感觉，也知道没有人托的感觉。我想，生命中最早托住我们的是母亲，之后还有父亲，但是，并不是所有人都有人托，也许我们一生都在寻找能托住自己的人。

通过养育，母亲成为创伤的代际传递者

母亲是女性的一个重要身份，有时甚至成为女性的主要身份，这个身份似乎承载着女性所有的人生价值和意义。不少人认为，如果外在的权力和金钱是男性追求和想要征服的，那么在家庭里，拥有一个儿子就成为很多女性的追求。特别是在过去，母亲被认为是女性最有价值的身份，当然，前提是母亲能生儿子。这样的观念在一代又一代女性身上传递，即便现在的女性越来越独立，这样的观念依然隐蔽地存在着。

有些女性曾经被不公平对待，被忽视、嫌弃甚至虐待。当这些伤痕累累的女性成为母亲时，很容易给自己的孩子带来代际创伤。可悲的是，这些苦难的经历不仅没有让有些女性觉醒，去爱惜自己的女性身份，反而使其憎恨自己这一身份。在那些被母亲忽视、嫌弃、利用和虐待的女孩身上，这一点暴露无遗。

一个有过创伤的母亲，她的孩子也会经历创伤，也就是我们说的代际创伤。当然，我也见过很多坚韧的女性，纵使自己过去经历了许多苦难，仍非常努力地爱着自己的孩子，因为她们不想让自己的孩子经历自己经历过的伤痛。

我首先要在这里澄清的是：当我强调母亲在养育中的重要性的时候，并不是说父亲不重要。我秉持的观点是，我们内在的人格是

由综合因素决定的，其中包括父母遗传给我们的基因、父母的人格特质、父母的关系质量以及所处的社会背景，等等。比如，父母离婚或争吵打闹、父亲在家庭里缺位，都会给下一代带来很大的影响。只是在本书里，我想围绕母亲这个核心，透过和母亲的关系来帮助你理解自己，疗愈自我。如果你的主要养育者不是母亲，那么，那些养育你的亲人，比如爷爷、奶奶、外公、外婆等，他们作为母亲的替代者，也可以是你的主要依恋对象，这些人在养育中对你的影响同样非常深远。

我有一位女性朋友，她在家中排行老大，有六个妹妹（其中两个被送人了），还有一个弟弟，排行最小。

当我这位朋友生第一个孩子时，我去医院看望她，向她道喜，可她看上去非常阴郁和悲伤。我本来是来道喜的，见到她之后却笑不出来。她妈妈正在向大女婿道歉——因为女儿生的是女孩。后来，这位朋友为了生男孩，竟连续生了三个孩子。

我对此感到非常震惊。我无法理解为什么她和自己的妈妈一样，如此执着于生男孩。

我之所以特别关注"母亲"这个议题，是因为无论在我自己身上，还是在我看到的、听到的事例中，有太多的创伤通过养育在一代一代地传递。

俗话说"三岁看小，七岁看老"，这在心理学上也是有道理的。

近代心理学和脑神经科学的研究发现，孩子的大脑主要是 7 岁以前在和妈妈及家庭成员的互动过程中不断被刺激从而发展的。人的大脑功能在这个阶段奠基。一个人 7 岁前大脑受到的刺激将影响他的一生。而这些刺激主要来自 3 岁之前的母婴关系，以及之后孩子和父母的关系。依恋理论创始人约翰·鲍尔比和同事玛丽·爱因斯沃斯（Mary Ainsworth）研究发现，人在 3 岁以前就形成了稳定的内在关系模式，并且这个模式很可能持续一生，而且会经由养育传递给下一代。

假如一个女孩在婴幼儿时期缺乏照顾，总是一个人被关在屋子里，那么她就会体验深刻而绝望的孤独。她长大之后，很可能会害怕孤独和被抛弃，总是需要抓住一个人，或投入繁忙的工作中，以此来逃避恐惧和孤独。

如果一个女孩 1 岁的时候由外婆抚养，妈妈只是定期去看她，直到上幼儿园或小学的时候她才回到妈妈身边，这样会构成一个孩子不断和妈妈分离的情境，会带来一种不安全的依恋，孩子会产生分离创伤，长大后她可能会非常恐惧分离，往往会在各种关系中感到不安全，特别是在和伴侣的关系里，她需要紧紧抓住伴侣。当她成为妈妈后，就会无意识地让孩子也经历分离创伤。这样的关系会不断重复，构成一个"强迫性重复"。

如果一个女孩因为身份被嫌弃、忽视，遭受很多不公平对待，那么这个女孩成为母亲之后，就很有可能把对女孩身份的不接纳投射到自己的女儿身上，从而无法去爱自己的女儿，使女儿也不认同自己的女性身份。

创伤会经由母亲或主要养育者的养育方式被我们的身体和大脑所记忆，进而传递给下一代。

所幸，在成年后，人的大脑神经系统还是可以改变的。这意味着，无论早年经历过什么样的创伤，我们都可以运用相应的方法重塑大脑回路。

母亲作为女性，其实也是受害者

当我们说到母亲没有给予我们好的养育时，大多数情况是我们的母亲也从未得到过好的养育。

我曾听一个患有严重抑郁症的女孩说，她小时候经常被母亲暴打。后来我了解到，她的母亲小时候因性别经常被奶奶虐待、暴打。我想，这个奶奶要经历怎样的创伤，要多么憎恨自己的女性身份，才会这样虐待自己的孙女？这是四代人的创伤。

我见过很多因为抑郁来咨询的青春期女孩，我经常因为她们无法被理解、支持和回应而感到绝望，同时，我发现这些女孩的母亲早年都经历过严重的创伤。也有很多母亲在生育孩子的时候，特别是她们生了女孩的时候，被嫌弃、忽视；有些母亲得不到丈夫的帮助，几乎独自养育孩子。

这些创伤你的母亲经历过，现在你也许正在经历着。

要想让"强迫性重复"停止，终止上一代内在的痛苦和关系模式，我们就需要直面代际创伤。

剖析和母亲的关系，是看见自己、疗愈自己的重要方式。

每个孩子都渴望被自己的母亲所爱。如果得不到这份爱，孩子也许会终身追寻。就如歌曲《默》中所唱的："我被爱判处终身孤寂，不还手，不放手，笔下画不完的圆，心间填不满的缘，是你，是你。"试问，有多少孩子没有得到母爱，长大之后，终身都在从伴侣或者孩子身上找寻，想要满足那个渴望，而这往往成为亲子关系里出现悲剧的原因。

但母亲和孩子之间并非只有爱。事实上，无论是孩子对母亲的情感还是母亲对孩子的情感，都有爱有恨，只有这样的情感才是流动的、成熟的、完整的。

受一些传统观念的影响，我们在与母亲的关系中常常心存愧疚，也恐惧被社会和家庭批判。即使对母亲有所不满，也往往耻于表达。于是很多人选择隐藏自己的痛苦，内心饱受煎熬。但这样的痛苦会通过与他人的亲密关系和亲子关系表现出来。如果不能好好处理对母亲的愤怒和恨，我们和伴侣、上司或孩子的关系就很可能出现问题，进一步地，我们的身体也很可能将承载精神上的痛苦，从而引发各种各样的病痛。

如果要自我救赎，我们就不得不面对早年和母亲的关系，在爱与恨中找到自我。这是一条艰难的自我成长之路。

第二章

共生的母亲: 不放手的爱影响女儿一生

共生依赖及其特性

共生是一种母婴关系, 即婴幼儿对妈妈全然的依恋。没有妈妈或像母亲一般的抚养者, 婴儿就活不下去。共生会带来一种融合的感觉: 你中有我, 我中有你, 彼此没有心理边界。

对婴儿来说, 这是一种很美好的感觉, 也是他们身体生存和心理发展的必要条件。

婴幼儿和妈妈的共生是健康的, 但如果妈妈很依赖孩子, 把孩子作为自己生命的全部, 那么, 妈妈在心理上就和孩子建立了一种"共生幻想"的心理契约。本着契约精神, 孩子也需要把妈妈当成自己生命的全部 —— 这就是"共生依赖"的关系。

共生依赖是妈妈对孩子共生式的依恋, 也是成年子女对妈妈婴儿式的依恋。通常前者是因, 后者是果, 两者常常共存。

共生依赖的特性是关系的排他性。

就像一些吸引女性的暖男，他很可能还是一个"没有断奶的男孩"，与自己的母亲还处于共生依赖关系。如果女孩嫁给他之后和婆婆一起住，那婆媳之间很可能产生巨大的冲突。因为婆婆通常认为自己和儿子的关系才是家庭的核心，自己对儿子及与儿子有关的一切（包括妻子、孩子）都有无上的权力。和儿子共生的妈妈是不会允许自己的儿子爱其他女性的。

孩子在共生依赖关系中的核心体验是窒息感、内疚感、羞耻感，还有无法意识到的愤怒和忠诚。

随着孩子的长大，妈妈为了和孩子保持共生关系，很可能会通过各种爱的方式控制孩子，包括控制孩子的所有决定，比如穿什么衣服，学什么专业，和谁结婚，在哪个城市生活，等等；或者通过持续要求、纠正、批评和批判孩子，让孩子常常觉得自己不好。这些都会让孩子失去自我。而让控制得以生效的办法，就是母亲不遗余力地告诉孩子，自己做的一切都是为了孩子，这会导致孩子产生深深的内疚感。在妈妈控制性的爱里，孩子在成长过程中需要满足妈妈的需要，而无法表达自己的需要和情绪，以至于他们长大之后也常常无法表达不满和愤怒。和母亲的共生关系会导致孩子丧失自我，感受不到生命的意义，从而陷入深深的无价值感，这是羞耻感的根源。若孩子在爱的名义下被控制，这个孩子只能一生忠诚于母亲，并将愤怒深深埋在心里。

很多时候，在婆媳发生冲突时，丈夫会忠诚于母亲。那些对母亲无法表达的愤怒，通过投射，便由妻子表达了。妻子作为"不孝顺"的恶人，常常会被批判、被孤立。如果婆婆和儿子共生，婆婆则会不惜一切代价去战斗，因此导致儿子婚姻破裂的不在少数。儿子为了母亲放弃婚姻、放弃妻子，这是世界上"最忠诚"的爱，也是伤人伤己的爱。

人的一生必须在和母亲、父亲以及家庭的分离中得以成长、成熟。如玛格丽特·S.马勒（Margaret S. Mahler）提出的分离个体化所说，有分离才有自我，才有个体存在的感觉，才是真正意义上的有价值地活着。从和父母的关系中分离，是一个人向独立和成熟发展的必经之路。而共生依赖会让孩子对"依赖"与"独立"的理解产生严重混淆。

《千与千寻》是我非常喜欢的一部电影。影片里的巨婴"坊宝宝"就是严重混淆"依赖"与"独立"的典型代表。汤婆婆对他的爱，就像那个堆满玩具的婴儿房，将他的心灵禁锢了。他成了一个永远无法长大的巨婴宝宝，被困在爱的牢笼里，感到非常愤怒。直到千寻带着他经历了一段冒险的旅程，坊宝宝才摆脱了汤婆婆控制性的爱，有了自己独立的意识和思考，并且因此感觉到快乐。

共生依赖导致共生绞杀

如果妈妈觉得孩子是自己的一切，那么，妈妈很难随着孩子的成长逐步放手。这会形成不健康的共生依赖关系。

电影《黑天鹅》中，主人公妮娜和妈妈就是这样一种病态的共生依赖关系。妮娜和妈妈相依为命，妈妈把她视为生命中的一切，并把她当作婴儿一样照顾和控制，比如帮女儿剪指甲、检查身体、不允许她有私生活、不允许她关房间门，等等。

妮娜的妈妈将妮娜视为自我的一个部分，通过对她无微不至的照顾控制她的思想和精神。妮娜的任何抗议都会让脆弱的妈妈崩溃，她的自主和独立被妈妈视为抛弃和背叛。最终，妮娜的内在自我分裂为两个形象：一个像白天鹅，是顺从妈妈的乖乖女；一个像黑天鹅，是充满欲望、攻击性和毁灭性的自我。

有共生依赖，就有共生绞杀。共生绞杀的母女关系，导致女儿无法活出自我。

就像电影里妮娜的妈妈，用不放手的爱和控制扼杀了妮娜的自我，让她成为妈妈的精神傀儡。最终，妮娜只能通过绞杀自己，以生命为代价，用死亡的方式和妈妈彻底分离，活出自我。现实版的"黑天鹅"并不罕见。绞杀自己的方式还包括患上一些精神疾病，比如进食障碍、抑郁症、焦虑症等。

共生依赖既绞杀了妈妈的夫妻关系，也绞杀了孩子的亲密关系。

如果夫妻关系好，基本不会发生妈妈和孩子共生的情况。妈妈和爸爸爱的联结，让孩子可以既爱妈妈，又爱爸爸，同时也接受爸爸妈妈之间的爱。对孩子而言，这就是一种三元关系。关系里形成的三角空间是自我成长所需要的。

而共生是一种二元的关系，在这样的关系里，没有空间可以容下第三者。这意味着妈妈和孩子的二元联结容不下爸爸，也融不下孩子的伴侣。

如果一个妈妈和伴侣的关系不好，她通常就会联合孩子来共同对抗自己的伴侣。比如，妈妈会持续地和女儿抱怨：你爸爸是一个无能、自私又不负责任的人。孩子都需要依恋父母，特别是依恋妈妈得以生存，因此，出于生存的需要，女儿会在冲突和痛苦中认同妈妈，憎恨爸爸。这会导致女儿无法和男性发展成熟的亲密关系，因为那些"恨爸爸"的部分会被投射到男性或者伴侣身上，导致他们之间亲密关系的破裂。

妈妈和女儿产生共生关系的原因

为什么妈妈会和孩子产生共生关系呢？

诸多临床经验显示，需要和孩子共生的妈妈在早期都有严重的创伤性经历。通常情况下，越早期的创伤带来的伤害越严重。

我们这代人的妈妈多数是在 20 世纪 40 至 70 年代出生的，她们经历了很多来自社会和家庭的创伤，比如在家庭里被忽视与虐待、遭遇重男轻女这类落后观念带来的不公平对待等。这些经历都导致她们有比较严重的创伤，这些未解决的创伤会通过养育传递给下一代。

在心理学研究里，共生依赖主要是由生命早期的创伤造成的，即在婴幼儿时期，孩子无法获得和妈妈稳固的情感联结。

有的妈妈早年被自己的妈妈忽视、虐待或抛弃，因此她们需要找一个人满足自己对理想父母的期待，即一种无条件的爱，以弥补缺失的爱。爱的匮乏使一个人对爱的期待变得非常理想化，这也必然导致理想化期待的破灭。因为在成年人的世界里，没有一个伴侣能给予对方无条件的爱。所以，当伴侣没有满足自己的期许时，妈妈就会想起自己不理想的父母，于是便会憎恨伴侣。

有一位妈妈想通过咨询挽救自己的女儿。她的女儿大学毕业后好像变了一个人，曾经的乖乖女变得脾气暴躁，时常对她大吼大叫，被诊断为抑郁症。这位妈妈非常伤心，她在女儿1岁的时候，因为对丈夫失望而离婚。她觉得自己为孩子牺牲了很多，比如自己事事以女儿为重，不惜一切代价辛苦栽培她；自己找的男朋友也因为女儿不喜欢而分手。她一直和女儿睡在一张床上，没有兴趣爱好，没有好朋友，女儿就是她的一切。

咨询刚开始时，她对女儿过度的依赖和控制让我内心感到愤怒，我更加同情她的女儿。随着咨询的进一步发展，我逐渐了解到她令人悲伤的经历。在她1岁的时候，她的妈妈因为受不了家暴自杀了。爸爸后来再婚，并且又生了几个孩子。后妈经常打骂她，要求她做很多家务。这些创伤性经历让她的内在情感体验到的都是悲苦，她不知道如何与另一个人产生情感联结，这导致她无法经营好亲密关系，也无法理解和回应孩子的情绪情感。她从来没有得到过爱，又如何懂得去爱呢？

因此，她对丈夫的期待破灭之后，就把所有的情感都投注到女儿身上，这就和女儿形成了共生依赖的关系。她试图以此修复自己心灵的创伤，弥补缺失的爱。

孩子需要依赖妈妈生理的照顾，因而会对妈妈产生情感的依恋，为了生存，孩子会牺牲自己的一切去满足和回应妈妈。这是一种"反哺"的养育关系。我见过很多来访者，她们一生都在给妈妈提供支持和爱。妈妈生命中缺失的爱需要女儿的养育来弥补，这时妈妈就变成了孩子。

就如上面介绍的那位妈妈的女儿，她在很长的时间里都对妈妈百依百顺，迎合讨好妈妈，努力成为妈妈心目中优秀的女儿，好满足妈妈对自我价值和爱的渴望。但最终，随着女儿进入成人世界，共生绞杀就开始了。

对孩子而言，要打破共生关系非常困难，因为孩子心理上的独立会激发妈妈的创伤体验，妈妈会觉得自己被孩子抛弃了，早年被抛弃以及不被爱的体验就全部涌上来，这常常会让妈妈崩溃，陷入无法控制的恐慌之中。因此，为了不让这些创伤的体验涌出，妈妈会寻找一切力量阻止孩子独立，因为她无法承受孩子独立带来的创伤体验，比如被抛弃带来的绝望感、恐慌感、生命的无意义感等。创伤越大，越难以承受。

通常情况下，从出生到 3 岁，人会经历两个重要的过程，一是母婴之间建立安全的情感联结，二是孩子与父母心理上的分离。我们需要朝着心理分离的方向前进，因为这是走向人格独立和心灵自由的道路。

心理学有句名言："世界上最伟大的爱，是能放手的爱。"而我想说："母爱之所以伟大，是因为爱孩子，还能放手让孩子飞。"

第三章

消失的母亲：害怕被抛弃的原因

分离创伤的形成

依恋理论认为，婴儿期的"安全感"对我们整个人生的发展都有着重要影响。孩子的安全感主要通过妈妈稳定而敏感的回应获得，在这种情况下，孩子会对妈妈慢慢形成安全型依恋。

如果妈妈总是长时间或反复和孩子分开，那么，孩子的依恋关系就会中断。短暂中断的依恋关系如果被及时修复，影响也不大，但是，情感联结长时间中断，修复起来就很困难。对于身心都依赖养育者的孩子来说，这样的中断常常是灾难性的。这会导致孩子无法建立最基本的安全感和信任感。而早期的创伤性分离会严重损害孩子的安全感，导致他们一生都害怕被抛弃。

婴幼儿及儿童大脑的神经系统还不成熟，认知发展不足，这导致他们情感脆弱、对现实的认识不够。比如，妈妈要出差三天，成年人因为有时间概念，所以能通过对时间的感知获得对未来的预期，获得一种确认感，从而缓解分离的焦虑。而婴儿是没有时间概念的，他们的大脑无法理解"妈妈三天就会回家"这样的事情。所以，他们会因为与妈妈的分离而感到巨大的焦虑、无助和恐惧。

分离既是必需的，也是必然的，因为自我的独立需要通过与妈妈的心理分离来达成。

成长性的分离发生在孩子身心都准备好的情况下。比如，3 岁的小朋友上幼儿园，因为分离焦虑而哭闹，在妈妈的安抚和鼓励下，孩子会慢慢适应这种分离。这样的分离是健康的，是成长需要的。

而创伤性分离是指孩子在没有准备好的情况下，被迫与妈妈分离，这会导致一系列身心不良的体验。所以 1 岁多的孩子上托班可能是灾难性的体验。

妈妈和孩子分离的几种情况

第一种情况：很多妈妈不了解，分离给孩子造成的伤害足以影响孩子的一生。

有过分离创伤的妈妈会自动隔离分离的情景和体验，这是妈妈应对分离的创伤性反应，妈妈会无意识地忽略自己和孩子分离的痛苦。因此，把孩子送到爷爷奶奶或保姆家抚养，或在幼儿园、小学就让孩子上全托班等，这些经历都给孩子带来巨大的压力和痛苦。

当然，我理解其中有很多现实的无奈，但是，如果妈妈能充分体验分离的痛苦，也许就能看见孩子因为分离而痛苦的内心，也许会更愿意克服现实的困难。

我的一个来访者，在她8个月大的时候，妈妈把她和一个远房亲戚的孩子交换抚养。她在亲戚家里不吃不喝好几天，哭得歇斯底里。长大之后，她的妈妈绘声绘色地给她讲述这些情况，完全意识不到这样的分离曾给自己的女儿带来怎样的痛苦和绝望。

第二种情况：家里想要男孩而把女儿送到别人家抚养，甚至丢弃。

这个原因在过去具有一定的普遍性。重男轻女的落后观念常常让作为女性的妈妈饱受不公平对待。这导致她们对自己的女性身份不认同，进而排斥女儿。

过去，在落后观念的影响下，生儿子几乎是当时女性作为母亲身份地位的象征，也是女性价值得到认可的途径。我出生在20世纪70年代末，在那个年代，特别是在农村，对于很多女性来说，生不出儿子是一件很羞耻的事情。一些村民会歧视她，公婆和丈夫也会责骂她。

第三种情况：父母因生活所迫而离开家，孩子成为留守儿童；或者父母离婚导致孩子被迫和父母或其中一方分开，这些都会给孩子带来严重的分离创伤。

一些留守儿童的悲剧让我深感悲痛。那些父母离异的孩子也有着复杂的情绪：既要承载父母婚姻破裂的痛苦，也要承受对分离的恐惧。有时候，孩子还会被父母当作"战争"的工具，往往需要忠诚于某一方，憎恨另一方。这让孩子面对分离时更加痛苦。

分离创伤的影响因素

　　那么，分离的创伤到底对我们的人生有什么影响呢？

　　首先，我们来看看创伤的严重程度。

　　创伤的严重程度主要取决于两个因素。其一是创伤的年龄段。越小的孩子受到的创伤越大，因为越小的孩子对妈妈的依恋程度越高，大脑也处在更脆弱的阶段。其二是离开妈妈之后，孩子可获得的依恋质量，即孩子将获得怎样的照顾。

　　比如，同样被送到奶奶家抚养，5 岁的孩子就比 1 岁的孩子受到的创伤要小。同时，孩子离开了妈妈，奶奶作为主要抚养者，提供的养育质量至关重要。如果奶奶能充满爱意地回应孩子，就可以缓解孩子失去妈妈的痛苦，并使之形成对奶奶的依恋。如果奶奶不能很好地回应孩子，孩子就会面临双重创伤：一方面是无法处理心理上的"丧失"，即失去妈妈的痛苦；另一方面是无法建立新的依恋关系。这样的创伤是非常可怕的，有的孩子会绝望地不吃不喝，歇斯底里地哭 —— 无法哀悼丧失是导致抑郁的核心因素。

哀悼的能力也是自小通过与养育者的安全依恋而形成的。如果分离的经历让孩子无法哀悼丧失，在长大之后，面对分离的时候，他们依然无法哀悼丧失，难以承受强烈的恐慌感，从而容易陷入抑郁。

　　创伤性分离会让孩子感觉被妈妈抛弃，随之产生淹没性的恐惧、焦虑和无助感。

　　我见过很多女性，因为和伴侣分手而产生严重的抑郁、恐慌，不得不前来咨询。这些女性基本都有创伤性的分离经历，和伴侣分手或伴侣出轨都会唤醒她们被抛弃的感觉。

　　有个女孩早年被父母送到奶奶家抚养直到初中。因为她是女孩，爷爷奶奶不喜欢她，甚至会虐待她。父母每年去看她几次。每次和父母分离，她都感到巨大的绝望。直到长大后她学会了伪装，装作一切都不在乎。在一次恋爱之后，她提出分手，结果因重度抑郁而住院治疗。她不明白，为什么离开一个自己不爱的人会如此绝望和恐慌。她意识中的自我和体验中的自我分裂了，在意识层面，她不觉得自己爱对方，而在感受层面，她感到巨大的恐慌，这就是创伤体验被唤醒了。

　　恐惧和焦虑常常被体验成恐慌感。我年轻的时候经常被分离带来的恐慌感淹没，于是常常在亲密关系里委曲求全，也因此看不起自己。那时候的我并不知道，这些是早年和妈妈分离带来的创伤性体验。直到我找老师做了几年咨询之后，才开始哀悼我失去的母爱，理解并容纳、加工这些体验，不再被恐慌感所控制。

早年的创伤性分离会让孩子形成"他一定会抛弃我"的核心信念，同时也会形成"我是不好的"或"我是不值得被爱的"这样的自我感觉。

这些信念和自我感觉通常会在亲密关系或亲子关系中重演，这就是强迫性重复。

在亲密关系中，当一个人感到不安全时，就会萌生"他一定会抛弃我"的想法。为了避免被抛弃带来的恐慌和无助感，他们通常会主动提出分手或离婚，这样的控制感常常让一个人短暂地觉得自己有了力量，以回避被抛弃带来的强烈恐慌感或者几乎要崩溃的感觉。在这种方式背后，其实他们内心真正渴望的是对方能带着爱意回到自己身边。提出分手或离婚只是一个假象，因为当对方真的同意分手或离婚时，他们内心恐惧被抛弃的假想就被验证了，自己就会像上述事例中的女孩一样，被恐慌和无助感吞没而完全崩溃。

这时，唯一的解决方案就是"重新修复和对方的关系"。只要重新联结和对方的关系，这些可怕的感觉就会得到极大的缓解，哪怕是委曲求全也在所不惜。但是，重新联结的关系是以自尊为代价的，这又让人感觉卑微。

在亲子关系中，很多妈妈会因为恐惧被孩子抛弃而控制孩子，比较典型的就是对孩子产生共生依赖的妈妈。

分离创伤导致人一生都在寻找理想的妈妈。有分离创伤的女性会把对理想妈妈的渴望投射到伴侣身上，希望伴侣对自己不离不弃，照顾、疼爱自己。她们对分离非常敏感，特别害怕预期之外的分离，会没有理由地担忧伴侣出轨，甚至连伴侣突然出差都会唤醒她们被抛弃的恐慌。她们通常试图通过不断升级的控制和责备来缓解恐慌和无助感，但这样最终只会导致亲密关系的破裂——这是被抛弃的强迫性重复。

分离创伤的代际传递方式

那么，分离创伤是怎样在母亲和孩子之间传递的呢？

通常，有分离创伤的妈妈通过控制孩子，让孩子和自己产生共生依赖的关系，以此避免自己产生被抛弃的恐惧。

在共生依赖关系里，孩子的独立对妈妈来说就是抛弃。因此妈妈会潜意识地不让孩子独立。她把孩子当成生命的核心，让孩子觉得不能背叛她，无法离开她，并对分离有莫名的恐惧和愧疚。

还有一些妈妈会通过拒绝、威胁孩子的方式，让孩子恐惧被抛弃。

有的妈妈会在孩子不听话，有情绪的时候，用"你再……我就不要你了"的表达来威胁孩子；或者把孩子丢到家门口、路边，以假意抛弃的方式来惩罚和威胁孩子；或者通过冷暴力的方式来惩罚孩子。冷暴力意味着把孩子从心里驱赶出去，也是一种潜在的心理抛弃，这样的方式对孩子的伤害非常大。因为孩子会感到自己在妈妈心里完全不存在。长时间不理会孩子，对孩子而言是非常痛苦的体验。在这些威胁下，所有的孩子都会因为恐惧被抛弃而妥协，最终放弃自我，并且常常觉得自己不好，没有人爱，这是一种代际创伤传递。

尽管妈妈的早期分离创伤会通过养育方式传递给下一代，但这并不是妈妈一个人的问题。养育孩子是父母的责任，爸爸需要稳定地支持妈妈，这是疗愈妈妈的分离创伤、终止代际创伤传递最好的方式之一。很多代际分离创伤其实是在无意识中形成的，妈妈并没有意识到自己的行为给孩子带来了分离创伤。如果妈妈能够意识到自己的哪些行为会给孩子造成分离创伤，在很多时候就可以有意识地回避这样的伤害。

第四章

自恋型母亲：享受"不完美"

自恋及自恋型人格

心理学研究发现，很多爱控制孩子的妈妈都有自恋型人格，我们姑且称之为自恋型妈妈。

"自恋"一词来源于希腊神话中纳西索斯（Narcissus）的故事。纳西斯爱上了自己水中的倒影，最终注视着自己的影子憔悴而死，变成了一朵花，后人称之为水仙花。在心理学里，"自恋"是一个中性词。自恋的核心是自尊，根据自尊水平，我们可以将自恋分成健康自恋和不健康自恋。

健康自恋指一个人相信自己是有价值的、可爱的、值得被爱的。他人的评价不会影响他的自我感觉。健康自恋的人，能区分想象与现实的差别，能接受自己和他人的差异，能真正做自己。

不健康自恋是指一种婴儿式的全能自恋，即通常说的不自信。这样的人认为自己是没有价值的、不可爱的和不值得被爱的。他们需要通过别人的评价来证明自己，同时又以自我为中心。他们很多时候会把主观想象当成现实，外在表现为认为自己无所不能、事事追求完美。如果一个人不健康自恋的程度较深，就会形成自恋型人格。

比如，当自己的观点和他人的观点不同的时候，健康自恋的人既能坚持自己的观点，又能对别人的不同观点持开放态度。当他人指出自己的观点不对的时候，他会反思自己的观点是否真的不够好，而且，在反思及与他人交流的过程中不会带有情绪。

而不健康自恋的人无法容忍他人的观点、意见与自己不同，不同和差异对他们来说意味着否定自己。所以，这样的人常常会无端指责他人，认为一切都是他人的错，通过这样的投射来掩饰自己内心觉得自己不好的感觉。不健康自恋的人常常把一件事的好坏或者一个观点的对错与整个人的好坏或者对错挂钩。如果这样的情况比较严重，就会形成自恋型人格。他们也可能因为感知自己的不好、无法忍受羞耻感而暴怒，心理学称之为自恋性暴怒。

自恋型人格是指个体需要不断从外部获得认可来维持自尊。

自恋型妈妈的养育特征

1. 自恋型妈妈养育的核心方式是，通过控制孩子来弥补自己缺失的爱和价值感。

自恋型妈妈控制孩子的方式通常是道德绑架。首先，她们会告诉孩子："我做的一切都是为了你。"其次，她们会威胁孩子："如果你不听话，我就不要你了。"被妈妈抛弃是孩子最恐惧的事情之一，所以，这样的威胁通常都是有效的。

自恋型妈妈想知道和控制孩子的一切，包括内在和外在的。来访者小梅（化名）因为和妈妈相处十分痛苦而前来咨询。小梅的妈妈是一位典型的自恋型妈妈，一直以爱的名义控制着小梅的学业、婚姻和日常生活。小梅结婚生子后，她的妈妈依然会打探她的一切，比如收入情况、消费情况、日常去哪里，甚至晚上要不要回家吃饭，等等。如果小梅反抗，妈妈不是"一哭二闹三上吊"，就是冷战，直到小梅顺从认错。在这种情况下，小梅不得不学会调整自己的情绪、压抑自己的需要，以此来满足妈妈的渴望和幻想。

2. 自恋型妈妈内心深处觉得自己是没有价值的，所以，她们一方面追求完美，对孩子高期待、高标准，另一方面又不断贬低孩子，以此证明自己是对的。

小梅的妈妈除了控制小梅，还对许多事情有着非常高的要求。比如家里的卫生、生活习惯、学习成绩等。小梅做任何事情，她都要指导一番。比如，在养育孩子的问题上，小梅的妈妈不断提出指导或者批评意见，她觉得自己永远都是对的，而小梅是错的或是无知的。

小梅总能感到，无论她做什么或不做什么，都一定会受到妈妈的"指导"或批评。

有的妈妈贬低孩子的方式很隐晦。有一位妈妈因为对女儿的成绩感到焦虑而来找我。她莫名地担心女儿成绩会不好，因此，她为上小学一年级的女儿报了6个学习班。事实上，这位妈妈是因为自恋而投射出女儿会学不好，所以才通过不断地给女儿报学习班来缓解自己的焦虑，这背后隐含着对女儿的高要求和对女儿能力的贬低。

3.自恋型妈妈内心只有自己，没有他人。这样以自我为中心导致她们无法理解孩子的感受、渴望，更谈不上与孩子共情。

就像小梅妈妈，以自我为中心，她的世界里只有自己的需要、感受和标准。一直以来，小梅都是乖乖女，但在一次妈妈威胁要自杀的时候，小梅直接冲向阳台，想要跳下去，幸好被爸爸抱住了。事后，妈妈骂小梅："你太自私了，根本不考虑我的死活。"可以看出，即使小梅想要结束自己的生命，妈妈考虑的还是自己的感受。因此，在自恋型妈妈心里，只有她自己的感受，没有别人的感受。

4. 自恋型妈妈为了满足自己的需要，还可能把女儿当成朋友，渴望女儿理解她，但没有基本的心理边界。

有的妈妈总是向女儿倾吐对丈夫或婆婆的不满，希望得到女儿的理解和认可。而女儿会因此承受巨大的痛苦：认同妈妈，意味着背叛爸爸；不认同妈妈，则可能在情感上被妈妈抛弃。小梅的妈妈就经常抱怨小梅的爸爸是"窝囊废"。出于对妈妈的认同，小梅也经常贬低自己的丈夫。

自恋型妈妈的形成

那么，自恋型妈妈是怎么形成的呢？

一个最主要的原因是其早期成长中母爱的丧失。

澳大利亚心理学家赛明顿（Symington）认为产生自恋型人格的根源在于：生命之初与养育者的基本亲情被剥夺以及成长过程中情感交流长期缺失。这些会使人心如死灰，情感缺乏活力。在早期和妈妈的关系里，如果长期受到忽视、批评或虐待，人会感觉没有自我价值，认为自己不值得被爱。从生理角度来看，不被爱的孩子缺乏和母亲（养育者）的情感联结，大脑镜像神经元的发育会受到影响，而镜像神经元是一个人理解或者感受另一个人情绪情感的能力以及背后动因的生理基础。因此，具有自恋型人格的人不能很好地与他人共情，无法换位思考。

小梅的妈妈有 5 个兄弟姐妹。因为是长女，她需要照顾弟弟妹妹。上小学期间，她经常需要背着妹妹上课，有时候被妹妹尿在身上，她就不敢去上学了。小梅的外公、外婆非常重男轻女，觉得女孩子读书没有用，于是小梅的妈妈小学毕业后就不再读书了，家务和照顾弟妹基本都由她负责。

小梅的妈妈被忽视和被不公平对待的创伤性经历，使她无法建立爱的联结，让她感觉自己不好、不值得被爱。为了证明自己的价值，打破自己不好、不被爱的内在"魔咒"，她觉得自己事事都要比别人强才行，还想通过小梅争一口气。小梅的妈妈对娘家特别好，似乎这样就可以证明自己是好的、是值得被爱的。同时，她把自己不好的部分投射给了丈夫，觉得丈夫无能，把对妈妈的恨意投射给了婆婆，觉得婆婆非常偏心。小梅妈妈的创伤性经历让她成为具有自恋型人格特质的人，因而无法成为"好妈妈"。

自恋型妈妈的养育方式对女儿的影响

自恋型妈妈的养育方式会让孩子觉得自己是不好的、是没有价值的、是不值得被爱的。因此孩子会形成虚假的自我，即英国心理学家温尼科特所说的"假自体"。并且，孩子长大后会以迎合讨好的方式和他人建立关系——这是一种代际创伤的传递。

温尼科特在他的理论中提出了"真自体"和"假自体"的概念。通俗地说，真自体就是成为真实的自己。妈妈通过理解和回应孩子的渴望、需要，使孩子内在的真实自我得以发展。而假自体是迎合讨好他人的人格基础。这样的人就像装了雷达，对他人的需要非常敏感，只有让他人满意，自己才能安心，其核心是害怕自己不好，恐惧被抛弃。

自恋型妈妈的自我中心导致她们无法理解孩子的感受和想法。而且，这样的母亲只有在孩子回应了自己的需要时，才会去爱孩子。她们给孩子的是一种有条件的爱。这样一来，为了生存，孩子就形成了顺从和回应妈妈需要的模式。这会导致孩子低价值感，且逐渐无法区分真挚的感情和取悦他人。慢慢地，孩子就形成了假自体。

拥有假自体的孩子，在很多时候属于"别人家的孩子"，被别人称赞乖巧、懂事。但在人际关系中，因为太害怕别人认为自己不好，他们总是试图讨好他人。比如，看到一个朋友对自己不热情，他们就会惶恐不安；看到朋友圈没有人点赞，他们就会感到失落，隐约觉得自己不好。

拥有假自体的孩子内心思想本质是自己觉得自己不好，并且常常把这种感觉投射到外界，认为是外界的人觉得自己不好，对此诚惶诚恐。

另外，自恋型妈妈都是显性或隐性的完美主义者，对女儿高期待、高要求。这会导致女儿也执着于追求成功，但内心情感匮乏。

我的一位朋友晓峰（化名）仿佛活在一个永无止境的竞争里，永远都在"追求成功"。无论读书成绩还是工作收入，任何成功都只能让她获得短暂的满足感。这种竞争的焦虑让她陷入了抑郁症和拖延症。她回忆起自己的妈妈总是拿自己和其他孩子比，只有在取得年级前几名的时候，她才会短暂地成为妈妈眼中的骄傲。

因此，晓峰特别恐惧失败，因为失败意味着失去妈妈的爱。晓峰深深地感到"不优秀不配活着"。这样的晓峰，本质上是她的妈妈自我的延伸，她的优秀和成功都是妈妈自我价值感的来源。

这样的孩子常常为妈妈而活，无法成为自己。

最后，我想和大家分享一个故事。2009 年我参加兹维卡老师的舞动治疗，他给我讲过一个他自己的故事。在我成为妈妈之后，这个故事也一直指导着我。

兹维卡老师的女婿去世不久，他的外孙去找他，并忧心忡忡地问他该如何照顾妈妈，以后的生活该怎么办。他的外孙以前是一个无忧无虑的孩子，经过这件事，他好像突然间长大了，开始思考成年人该考虑的事情。兹维卡老师对他的外孙说："你不用担心，还有外公，你只需要做孩子该做的事情，该玩就玩，该学习就学习。"

我听了很受触动。我自己就是一个乖孩子，就是所谓的"别人家的孩子"。我知道，在我的成长过程中，我从来都不能自在地成为一个孩子，我也深深理解其中的痛苦。在此，我想说：愿孩子都有孩子该有的样子！

第五章

无回应的母亲：我们都渴望被看见

爱的渴望

无论成年人还是孩子，都渴望爱，爱让生命得以续存，让人生有意义。不知道大家是否好奇，一个孩子为了博得父母爱的回应，到底愿意付出怎样的代价？电影《被嫌弃的松子的一生》很好地诠释了这一点。

妈妈在主人公松子的生活中是缺席的，母爱的缺失让松子不断寻求爸爸的爱。可惜松子唯一爱的客体——她的爸爸，对此并无回应。她的爸爸只对瘫痪在床的妹妹关爱有加，对松子从来都是非常严肃且面无表情的。无论松子如何努力，都得不到爸爸"爱的回应"，这导致她一生都渴望得到来自他人"爱的回应"。

虽然松子渴望爱，但是，她爱的对象都不爱她。所以，她总是活在卑微的亲密关系里，即使被虐待、被利用，她也都只是忍受。

因为她把得到爸爸的爱的渴望，放在了每一位和自己建立关系的男性身上。遗憾的是，她一开始就选错了人，导致了悲剧的一生。

艾里希·弗洛姆（Erich Fromm）在《爱的艺术》中写道："如果一个人能富有成效地去爱别人，她也会爱她自己；如果一个人只爱别人，她就根本没有爱的能力。"

影片中的松子一生只爱他人而不爱自己。影片中有这样一句令人痛心的台词："生而为人，我很抱歉！"这就是松子内心的写照。很难想象，一个人到底要卑微和绝望到什么程度，才会让自己生出这样的体验！

爱的起源：妈妈和孩子的情感联结

爱的起源是妈妈对孩子的爱，这样的爱是一种原始的母性之爱。

我的第一个孩子是女孩。十几年过去了，我仍然清晰地记得，她刚刚出生时，医生把她抱到我胸前，我看着她通红的小脸，初为人母的我热泪盈眶，这样的反应完全出乎我的意料。我在心里默默对自己说：我要一生好好守护她、爱她，我的小天使。我想这就是原初的母爱吧。

我相信，女性都拥有原初的母爱，天然地会爱自己的孩子。而在生理上，孩子对妈妈的依恋，是作为"基因编码"而得以遗传的。孩子天生有依恋妈妈的动力，而妈妈也有回应孩子的能力。从进化角度讲，这是人类得以生存的重要基础。但是，有的母亲却斩断了这种原初的母爱，变得冷漠甚至残忍，对自己孩子的渴望和痛苦无动于衷。

我们常说：看见即是爱。这里"看见"意味着能理解对方的需要，能体验对方的情感，而"看见"之后做出的回应则是情感的联结。

无法看见自己孩子的渴望和痛苦的妈妈，同样对自己内在的孩子也是残酷的。

我有一个非常聪慧的女性来访者，她拥有很好的心理学头脑，也能快速地学习和改变。她的事业很成功。但是，每当说起她的女儿，她只是关心女儿能不能读好的学校、报好的学习班。她将女儿的一切都交给先生和婆婆，她无法和女儿有任何情感联结，虽然她很确定自己很爱女儿。她感知自己的心里没有任何人，包括她自己。对于女儿对她的思念、依恋，她常常无动于衷。出差的时候，她只有刻意去想才会记起女儿。思念是什么滋味，她不知道。

她看不见女儿的情感和需要，女儿不在她心里，她无法和女儿产生情感联结。

这一切都源于她自己从来没有得到过爱，从来没有被自己的妈妈放在心里爱过。

一个来访者给我描述过那种从来没有被爱过的荒芜的感觉，她说自己就像沼泽地里一棵孱弱的小树，或者一片孤单的浮萍。还有一个来访者的意象让我潸然泪下：一个破碎的孩子孤独地漂浮在一片寂静的浓雾笼罩的湖面上。我只能通过这些意象去感知那种荒芜和孤寂。

情感联结是孩子发展健康和成熟的自我的核心纽带，这取决于两个重要因素，其一是联结的稳定性，其二是联结的质量。

情感联结的稳定性强意味着和孩子没有创伤性的分离（这样的分离会造成情感联结断裂而难以修复）。情感联结的质量高是指在养育关系里，养育者能看见并且回应孩子的情感需要和欲望。如果看不见，就谈不上回应。

有的人会有这样一种错觉，认为自己是被"散养"长大的。而在深入沟通之后会发现，其实她们是在被忽视中长大的，她们和妈妈之间无法建立有质量的情感联结。"被忽视的早期经历"是我们最容易低估的，这种经历有的时候甚至比被妈妈打还可怕。所以有的孩子在被忽视时，会做出各种破坏性的举动，以此吸引父母的关注。

那么，什么样的妈妈无法在情感上回应孩子？

采取无回应养育方式的妈妈的特征

无回应养育方式的标志是，妈妈抑制了自己对孩子的情感表达，拒绝与孩子身体接触。

在什么情况下，妈妈会丧失母性功能，无法回应孩子呢？

1.心情持续低落或患有抑郁症的妈妈。

这样的妈妈被自己无助、绝望、崩溃的情感体验淹没，甚至挣扎于死亡边缘，根本没有力气去回应孩子的需要，也不能很好地爱抚孩子的身体。抑郁症特别是产后抑郁严重剥夺了妈妈的养育功能。在心理学研究里，婴幼儿是通过妈妈的脸而看见自己的。但在患有抑郁症的妈妈的脸上，孩子什么也看不见。得到妈妈的情感回应既是生存的需要，也是自我发展的需要，对孩子来说，没有回应的世界就是绝境。

2.情感严重隔离的妈妈。

情感严重隔离的妈妈无法在情感上回应孩子，她像一座孤岛或绝缘体，淡漠而枯竭。通常情况下，初为人母时，女性都会有喜悦的感觉，这是一种天然的母性。但情感严重隔离的妈妈，天然的母性也被抑制了。在咨询时，我通常会问来访者对自己妈妈的感觉。有的来访者会形容自己的妈妈像一具干尸或者木乃伊，我觉得这样的比喻非常形象地形容了情感枯竭的妈妈。

无回应的养育方式带来的影响

无回应的养育方式会对孩子产生很大的影响。

1.无回应的养育导致孩子情感严重匮乏，心智受损，缺乏爱的能力。

心理学家埃德·特罗尼克（Ed Tronik）做过一个很著名的心理学实验——静止的脸，这是一项关于创伤性忽视的实验。实验里，妈妈和孩子保持眼神接触，在快乐的互动中，妈妈突然面无表情，之后观察孩子会有什么样的反应。结果是孩子进入害怕和恐惧状态。

抑郁或情感严重隔离的妈妈的脸基本是静止的，没有什么表情。这是一种慢性的情感联结断裂的状态。因为缺少情感的回应与互动，孩子会因为害怕、恐惧等情绪而出现情感匮乏和退缩的状况，孩子的心智化能力也会因此受到影响。

心智化是一种理解自己和他人情绪、情感的能力。比如，当妈妈无端指责你时，你会体验到愤怒和委屈，产生这样的感受是因为自己没有做错什么，却遭到妈妈的指责。心智化通过妈妈对孩子持续的情感回应而发展，其生理基础是镜像神经元的发展。因此，无回应的养育方式会导致孩子镜像神经元发育和心智能力受损。长大之后，心智能力受损的人无法理解自己和他人的情绪情感，常常不明白他人为什么不理会自己，为什么生气，又为什么喜欢自己等。这些困惑只能通过智力上认知的推论和理解予以弥补，这样，人会变得过分理性，进而导致无法和他人建立良好的关系。这也常常导致他们渴望爱，但无能力去爱。

菲菲（化名）是我见过的让我特别心痛的女孩。她对自己的感觉是模糊不清的，她不清楚自己的情绪是怎么来的，整个人处在一种压抑和阴郁的状态里。她的记忆一直定格在"我看着妈妈忙碌的身影，妈妈似乎感觉不到我的存在，我的心凉凉的"。

菲菲还描述过一个场景，这个画面就像前面提到的"静止的脸"一样：她喜悦地把自己最喜爱的糖果给正在厨房里忙碌的妈妈，妈妈面无表情地回头望了她一眼，没有接过糖果，也没有说任何话。

想象一下这个画面，如果你是这个小女孩，会有什么感觉？在这个场景里，我感到深深的失望和悲伤。我能想象菲菲对妈妈爱的回应的渴望，就像松子对爸爸爱的回应的渴望一样。

菲菲的妈妈长期心情低落，且与孩子情感隔离，这使菲菲无法和她产生情感联结。这样的经历让菲菲情感匮乏、心智受损，对自己和他人的感受都感到困惑。她不知道如何让情感在关系里流动，也就无法建立好的关系。因此菲菲时常感到深深的孤独，她的心就像深夜飘荡在大海里无法靠岸的孤船。

2. 无情感回应的养育会让孩子失去最深层的安全感，进而丧失建立良好关系的能力，这也是孩子陷入抑郁状态的原因之一。

小柳（化名）因为第二次离婚感觉抑郁而来找我。我发现，在每一段关系里，她刚开始时都感觉非常美好，她讲述这些感觉的时候，仿佛摆脱了抑郁的状态，充满活力，这实际上是她对理想妈妈的期待和投射。理想破灭之后，小柳又会快速陷入抑郁状态。

小柳渴望从伴侣那里得到理想的、像妈妈爱的回应那样的情感联结，是注定要失败的。因为，在成年人的世界里，没有人能弥补她丧失的母爱，也没有人能扮演她理想父母的角色。

　　没有得到妈妈情感回应的孩子，内心常常是孤寂和绝望的。长大之后，她们也容易忽略自己孩子的情感需求，难以给孩子恰当的回应。这就导致代际创伤的传递。当然，如果孩子有第二依恋对象（比如爸爸或奶奶、外婆），而且能得到他们爱的回应，那么，情况会好很多。

第六章

拒绝型母亲：为什么你总是需要证明自己的价值

文化与女性身份

我想先跟大家分享一个故事。徐志摩的前妻张幼仪家有 12 个孩子，其中 8 个男孩 4 个女孩。但当别人问张妈妈家中有几个孩子时，张妈妈总是回答 8 个。张幼仪对她的孙侄女张邦梅说过这么一句话："那时候，女人家是一文不值的。"

这一语道破了那段历史中女性的地位。《女诫》等文学作品都反映了那个时期男权对女性的统治、控制和贬低。

法国女性主义者波伏瓦也在《第二性》中阐述了女性作为他者和附属的地位，并探究了这种现象在全世界存在的原因和历史。

女性要获得被公平对待的权利，这在全世界都不是一件容易的事情。因为"男尊女卑"的落后观念在很大范围内已经被广泛认同。虽然我们这一代都不认同这样的落后观念，但是，通过祖辈的代际传递，这种观念还是在潜意识里影响了我们及我们的孩子。

当然，谈到这样的观念，我并不是要去谴责认同"男尊女卑"观念的女性，我更多的是想和大家一起重新理解我们的外婆、妈妈和我们自身，了解女性在这个社会面临的生存环境及受到的影响。

要了解自己，我们必须了解我们的妈妈，也必须了解她们成长的社会和家庭背景。作为女性，妈妈们是在"男尊女卑"的社会背景下长大的，她们既是这种观念的受害者，也是这种观念的代际传递者。

我的奶奶有 8 个孩子，我的外婆有 7 个孩子。在那个物质极其匮乏的年代，她们都曾多次陷入绝境，比如饥饿、死亡，被抛弃、忽视、虐待。在我的临床咨询中，我看到每一位来访者背后都有伤痕累累的母亲，创伤性经历使她们丧失了作为母亲的功能。

妈妈对女儿女性身份的拒绝

为什么在电视剧《都挺好》中，大家对苏明玉会产生那么强的共鸣呢？因为这个角色道出了很多女性的心声，她们因为女性身份而永远被妈妈拒之于心门外。

因为女性身份而被妈妈拒绝，意味着她们永远得不到妈妈的疼爱、认可，也因此被剥夺了很多权利，比如受教育、被公平对待的权利。很多女孩在童年时期被妈妈要求分担繁重的家务，需要照顾弟弟妹妹。在她们的整个成长过程中，吃的、穿的、用的，一切要以弟弟为中心。妈妈似乎永远都会说：因为你是姐姐，你要让着弟弟。当然，这对于男孩也是灾难性的，会让他们难以理解他人、适应社会。

很多女孩长大后被迫辍学去打工，打工赚的钱要供弟弟或哥哥读书。我见过一个让我相当愤怒的个例，那个女孩简直就是现实版的苏明玉。她初中辍学，作为童工去打工，所赚的钱全部被妈妈用来供哥哥读书，而哥哥成绩不好，高三复读了 3 年。

我见过很多女性来访者，她们的妈妈会对她们提出各种要求，比如承担兄弟的学费或兄弟结婚买房的钱。妈妈以各种名义向女儿要钱，然后将这些钱都给了儿子。还有的妈妈希望通过女儿的婚嫁得到高额的聘礼，用来给自己的儿子娶媳妇。在 20 世纪七八十年代，有些家庭因为一定要生男孩，便把生下的女孩抛弃了。那个年代，从一些女孩的名字中，就可以看出女孩的父母多想未来可以生下一个儿子。

有很多女性因为自己的女儿身而不被妈妈接纳。很多妈妈认为，女儿终究是"外人"。可悲的是，女儿在自家被当成外人，在婆家也被当成外人。当然，这是因为妈妈认同了"男尊女卑"的观念。这样的认同具有强大的社会和家庭背景，大多数妈妈也只有认同这一观念，才能在社会及家庭里生存和立足。

每每看到或听到这类故事，我都会感到悲愤。作为女性，我主张女性应被平等地对待，我提倡女性拥有独立和自由。

妈妈拒绝女儿的原因

妈妈拒绝女儿的女性身份，其实拒绝的是女儿整个人，其本质是对自己女性身份的拒绝。而妈妈对女性身份的拒绝，则是因为社会及家庭对女性身份的排斥和贬低。

如电视剧《都挺好》中，苏妈妈对女儿的拒绝其实是对女儿女性身份的拒绝、对她整个人的拒绝。苏妈妈对女儿有一种潜在的愤恨，无论苏明玉如何优秀、如何努力，妈妈眼里永远没有她，只有儿子。苏明玉的存在对妈妈而言就是一个耻辱，妈妈需要永远排斥她以消解这种耻辱，这是一种彻底的心灵驱逐。

为什么苏妈妈对女儿的女性身份如此排斥和厌恶呢？原因是苏妈妈因女性身份受过创伤。她把她的经历归咎于自己的女性身份，因此在心理上痛恨这个女性身份。而同时，她埋葬了自己痛苦的经历，让自己变得麻木，这样才能做到对女儿的痛苦、绝望和愤怒视而不见，极度冷漠。

妈妈拒绝女儿的女性身份所造成的影响

被妈妈拒绝的女孩会用一生证明自己的价值。

心理学研究表明，一个孩子自尊的发展深受妈妈的接纳、理解、支持和回应的影响。只有妈妈的表情、言行、情感互动让孩子觉得自己是好的、可爱的、值得被爱的，孩子才能形成一种稳定的自尊感。

但是，被妈妈拒绝的女儿会产生一种被嫌弃、被厌恶甚至被憎恨的感觉。这种拒绝的情感也许是赤裸裸的，也许非常隐蔽，但无论是哪种形式，都会让女儿认定"自己是不好的"。没有人能承受这种可怕的感觉，所以很多女性只有通过向他人证明自己的价值来抵消她们内心的无价值感。

被妈妈拒绝的女孩会以认同或反向认同妈妈的方式发展自我，且对女性身份认同困难。

就像之前提到的我的朋友。她的妈妈一定要生男孩，而她自己也觉得生男孩才有意义，因为这样可以传接"香火"。这就形成了一种代际创伤的传递。

对妈妈的反向认同其实也是认同。但凡我们有要对抗的部分，就有对应的认同部分。如果妈妈卑微地活着，那么自己就立志成为主宰者、强者，成为一切的核心，比如那些"母老虎"似的妻子，或"大母神"婆婆等。

当一个女性非要证明自己比男性强时，通常意味着她对自己女性身份的不认同，内心埋藏着"我不好"的种子。有的女性为了证明自己的价值，执着于追求财富和美貌，或追求孩子的成功等等，并以此作为自我价值的标准，而忽略了自己的内在价值。这样的女性往往不知道自己真正要的是什么，也无法活出真实的样子。

女性对自己女性身份的不认同会导致她们无法培养女性的内在气质，比如温柔、坚韧、包容等；也会阻碍女性成为母亲，比如不愿怀孕。

总之，作为榜样，妈妈对女儿自我认同感的形成，尤其是对其女性身份认同感的形成至关重要。

我也见到很多女性，虽然心里已伤痕累累，但仍饱含善良和坚韧，努力寻找成为自己的方法。在临床咨询时，每次听到这样的故事，我都会被她们的勇气和坚韧深深打动。

就像张幼仪，虽然生在女性被迫裹小脚的时代，后来她却成为穿西服的独立女性。她和徐志摩离婚之后，还做了上海女子商业储蓄银行的副总裁。

最后，我想引用张幼仪的话来结束这一章："妈妈说女人是一文不值的，阿嬷咒骂我是'外人'的时候，一半的我听进去了，另一半的我没听进去。我生在变动的时代，所以我有两副面孔，一副听从旧言论，一副聆听新言论。我具备女性的内在气质，也拥有男性的气概。"

愿我们都不再被妈妈的拒绝困住，转而成为独立自由的女性，既具备女性的气质，也拥有男性的气概。

第七章

情感剥夺的母亲：缺失的照顾、共情与保护

情感剥夺是指在孩子成为青少年之前，母亲对其身体照料、情感联结、保护性力量的缺失。

情感剥夺的类型

情感剥夺主要有以下三种类型，有的人经历了其中一种类型的剥夺，有的人经历了多种类型的剥夺。

第一种是照顾性剥夺。"照顾性"是指温暖的关注和身体情感的表达。

我出生在 20 世纪 70 年代末，成长于多子女的农村家庭。我体验到也看到了很多照顾性剥夺，因为在那个年代，物质相对匮乏，父母面朝黄土背朝天地忙于生计，只能给予孩子基本的生活照顾，根本谈不上对孩子有温暖的关注和身体的爱抚。我记得，在很小的

时候，我就学会了生病时自己去找村医看病（我的母亲对此非常赞赏）。在那个年代，大部分孩子不仅需要学会自己照顾自己，还需要学会照顾弟弟妹妹、承担家务或者干农活。

由于家境贫穷、兄弟姐妹众多，孩子可能有照顾性剥夺的经历。如果家庭中存在根深蒂固的重男轻女思想，那么女孩的情况可能会更艰难。

第二种是共情性剥夺。共情是指有人能够理解你的世界，认同你的感受，并对此做出回应。可以说，共情是一个情绪、情感流动的过程。

你可以通过以下几个问题判断自己的母亲能否与你共情。她理解你的感受吗？你可以在她面前表达真实的感受而不会被批评、曲解或教导吗？她会和你真诚、开放地谈心吗？如果答案是否定的，说明你的母亲很难共情你的感受。

当一个孩子的内在感受不被看见、理解和回应时，共情性剥夺就产生了。与照顾性剥夺不同的是，有的母亲能够很好地在身体方面照顾孩子，但是无法共情孩子的内在。在无回应的母亲里，有的母亲能照顾孩子的生活，就像照顾宠物一样，却永远无法理解和回应孩子内在的情感。

在咨询过很长时间后，一位常常感到莫名焦虑和恐惧的来访者报告了一个梦境：在一条街上，她看到一位中年女性在脸盆里给一个长头发的婴儿洗澡；她就像洗菜一样，一会儿把孩子按到水里，一会儿抓起来。我边听边想象这个画面，感到莫名的悲痛、惊悚和恐惧，也越发理解她为什么怀有无法控制的焦虑和恐惧感。这源自早期她的母亲对她女孩身份的憎恨，这样的憎恨表现为不希望她出生，或是希望她死去。这种深深的对死亡的焦虑和恐惧根植于她的内心，令她非常痛苦。

我有一位在艺术领域有所建树的朋友，她是独生女，她的母亲是一名优秀的中学教师，将她的生活起居照顾得很好，并且非常关注她的学习状态。父母对她的教育方式属于说教型，对她而言，有很多的应该和不应该，外人很难感知她的感受和想法。比如，她小时候因摔倒而哭泣时，她的母亲会马上抱起她，并对她说"没什么好哭的，勇敢的孩子都不哭"；等她稍稍长大一些，如果她提出自己的观点，妈妈则会摆事实、讲道理，让她放弃自己的想法，她的母亲总是告诫她"妈妈这都是为你好"。

长年累月，她常常感到一种窒息感和无法遏制的愤怒，她不明白为什么一些小事就会让她愤怒到崩溃，她的亲密关系常常因此破裂。这样的养育方式既是控制也是共情性剥夺，这样的剥夺在自恋型母亲身上表现得最明显。

第三种是保护性剥夺。所谓"保护"，是指提供力量和引导，与孩子共同面对困境的能力。

保护性剥夺是一种很隐秘的伤害。比如，父母自我力量虚弱，在家庭成员被欺凌时，父母表现得软弱无力；当孩子被霸凌时，父母表现出无能为力的样子，等等。

晓璐（化名）是这样描述自己的父母的："我的爸妈都是老实人，他们对我很好，基本不会打我，也不会对我提出严苛的要求。但有时我的家人会被欺负、被瞧不起，每当这个时候，他们总是很害怕。因此，我的父母总是谨小慎微，常常看别人脸色行事。他们的生存信仰是'我们惹不起，但是躲得起'。我对此感到愤怒又无力。"

在初一住校的那一年，晓璐遭遇了创伤性经历。因为同学怀疑她告密，多次威胁要打她，她很害怕。回家之后，她把自己被威胁的事告诉了父母，她的爸爸应了一句："少惹事，就没事！"而她的妈妈则焦虑地建议她报告老师。晓璐因此感到很无助，就这样在恐惧中度过了那一年。后来因为事情不了了之，她才逐渐有了安全感。

这种保护性剥夺常常会非常隐性地导致女孩被猥亵或被性侵，甚至有些女孩把被猥亵或者被性侵的情况告诉父母时，家长竟然不相信自己的孩子。性侵女孩的人有不少是亲戚或熟人。令我常常感到无力的是，在我的临床咨询中，有许多女性都有被猥亵或者被性侵的经历。寄养在爷爷奶奶家或者外公外婆家、被亲戚性侵的女孩大有人在。我听过 4 岁的女孩被亲戚性侵长达两年的恶性事件，这既让我感到震惊、愤怒，也令我非常悲痛。我不知道有多少女性有过如此可怕的经历，而她们的父母对此并不知晓，或者即使知晓也忍气吞声或者不了了之。

情感剥夺对性格的影响

首先，照顾性剥夺会导致抑郁、孤独和空虚。孩子长大后会依赖伴侣、渴望被照顾，对亲密关系要求很高。

照顾性剥夺主要发生在生命的早期，涉及孩子的吃喝拉撒睡。当然，生理需要的忽视常常伴随着心理需要的忽视。如果照顾性剥夺发生在孩子 2 岁以前的前语言期，往往会导致孩子的情绪无法言语化，他们的情绪会是弥漫性的，比如感到无法言说的抑郁、孤独和空虚。

晓筱（化名）是一位经历了照顾性剥夺的来访者。在她 1 岁半以前，妈妈因为工作的原因，把她交给邻居抚养。邻居不但要照顾自己的孩子，而且沉迷于娱乐活动，对晓筱疏于照顾。长大之后，晓筱渴望丈夫能时时照顾和回应自己，但事与愿违，丈夫常常无视晓筱的抱怨，对她越来越疏忽。几年后，晓筱得了抑郁症，并且总感到头晕，而丈夫认为她有些矫情。

在咨询中，晓筱逐步了解到，自己依赖丈夫并渴望获得丈夫的照顾，最大的原因是早年照顾性剥夺的经历。现实中的失望激活了她早期的创伤，导致了其抑郁和头晕。

照顾性剥夺也会导致很多躯体化的问题。因为身体自我是最原始也最早期的自我，孩子在无法言语化的时候，就会用身体来表达。因此，胃痛、头疼、肠易激综合征等躯体化的问题常常与被剥夺所引发的情绪相关。

经历过饥荒的人会有严重的物质匮乏感，而人类有生存下去的生物性本能，于是，物质匮乏感会让人在潜意识里囤积脂肪。有过大饥荒经历的妈妈或（外）祖父母在照顾孩子时，很可能表现出过度照顾的情况：他们总认为孩子没吃饱，因此过度喂食。实际上，这是代际创伤的传递，这些过度照顾者大多经历了照顾性剥夺，而过度照顾又导致孩子的自主性被剥夺。

其次，共情性剥夺导致一个人心智受损，自我价值感低下，渴望被认可。

共情的本质是一种情感的感知和回应，如果妈妈对孩子没有共情，就会影响孩子大脑镜像神经元的发育，孩子的心智就会受损。心智受损会影响一个人理解自己和他人情绪情感的能力，也会影响一个人理解自己和他人为什么会有这样的情绪情感的能力。通俗地讲，心智受损会导致人情商低下。这类人常常爱说道理，以理智思考衡量对自己和他人的理解，这样的理解常常非黑即白，不是对就是错，没有灰色地带。比如，孩子因为即将迟到而焦虑、害怕时，心智未受损的妈妈通常会直接安抚孩子，但是心智受损的妈妈就会反问孩子：你为什么不早点起床呢？为什么要磨磨蹭蹭呢？甚至会说孩子迟到"活该"。

作为孩子，偶尔考试成绩不佳、上学迟到或者与同学争吵等，都是成长过程中很正常的事情。孩子不是机器人，设置好程序就可以按程序启动。作为一个独立的个体，孩子必然会出现偶然状况，这样才会发展出自主性和自我理解、接纳的部分。妈妈允许这些灰色地带存在，去掉对和错的界定，这样的接纳才可以很好地支持孩子自信的发展。

而那些不被妈妈共情性理解和接纳的孩子，其内在自我价值感很低，在人际关系中非常在意别人的看法，渴望被老师或者上司认可。他们也常常因为很小的刺激而感到羞耻和愤怒，但又非常害怕表达。其情绪情感体验单一，主要的感觉是焦虑和愤怒，无法分化出细腻的情绪，比如体验愤怒背后的悲伤、失望、无力、沮丧或羞耻。

有一位情绪压抑的女性朋友，她常常逼迫自己去做一些会使自己变得快乐的事情。于是，她会安排家庭野餐、旅游等活动，也会去体验自己想体验的事情，比如绘画、跳舞。但是，她发现自己无论经历什么，都感受不到真正的快乐和喜悦，即使有感觉也像昙花一现，非常短暂。而她的妈妈完全无法理解她的感受，常常批评、指责她。

最后，保护性剥夺会导致一个人内心缺乏依靠和榜样的力量，有无依无靠的感觉。

前面讲到的晓璐，正是保护性剥夺的经历导致她心生绝望，不再指望父母。不仅如此，她还反向形成了一种防御，表现出与自己的父母完全不同的性格及处事方式，变得非常有主见和强悍，这是一种自我保护的盔甲。如果把城堡比喻成自我，那么城堡外围的城墙则是防御系统。与晓璐有类似经历的人，要么把防御做到最足，架设很多大炮，攻击性强；要么不设防御工事，也就是对父母的软弱性进行认同，这会导致自我力量薄弱，自尊低下，行事变得谨小慎微，害怕冲突。

无论采取哪种方式，其内心都有一种无人可以依靠的悲凉和绝望感。如果在你非常需要他人支持的时候，你回头发现身后空无一人，那么，你肯定存在保护性剥夺，也就是你的父母是"不靠谱"的——当你需要他们的时候，他们无法提供有效的支持。

孩子的人格主要是通过内化父母的人格特质而形成的。因此，如果父母没有自我力量，孩子要么过度保护自己，形成虚假的力量感；要么认同父母，自我丧失力量。而爸爸作为力量的象征，在此显得尤为重要。

形成情感剥夺的原因

爱孩子是母亲的天性，但为什么母亲会丧失这样的天性，导致孩子的情感需要被剥夺呢？原因主要有以下两点。

一方面，在物质匮乏的年代，我们的父母辈大多有 5 个以上的兄弟姐妹，家长在养育孩子的过程中根本照顾不过来，多数情况是以大带小，这就导致了养育中的情感剥夺。我认识一位女孩，她在家中排行老五，前面有 4 个姐姐。她 15 岁辍学打工，而在此之前，她从来没有穿过新衣服，哪怕是春节，穿的也是姐姐前一年春节穿过的衣服。

另一方面，一般来说，对孩子产生情感剥夺的妈妈自己早年的成长经历里也有情感剥夺的经历，这是代际创伤的传递。就像晓筱和晓璐的妈妈，她们都经历了灾荒，都因为女性身份而被不公平对待，甚至被剥削和嫌弃。

第八章

情感混乱的母亲：为什么你会在关系中受伤

情感混乱的母亲的养育特征

虽然我的母亲有很多不足，但我从来没有挨过打。在我刚刚参加工作的时候，我被小偷打过两拳，打在肚子上，当时我痛得躺在地上，内心充满恐惧，感觉自己要死了。之后，在很长的一段时间里，我都被这种恐惧困扰，天一黑就害怕一个人走路，每天晚上都要检查房间里是否有人。很久以后，我才慢慢找回安全感。

虽然这只是一次偶然的挨打经历，并且发生在成年之后，但这足以摧毁我内在的安全感。我时常在想，那些我在临床咨询中听到的因为妈妈情绪失控或父母争吵、打架而感到恐惧和无助的孩子应该怎么办？

情感混乱的母亲在养育中的典型特征是，常常情绪性失控地对待孩子，比如恐吓、威胁或打孩子，从而使孩子产生巨大的恐惧感。

有个女孩告诉我，她已经记不清有多少次被妈妈打到躺在地上，一直惊叫和打滚；还有一个女孩告诉我，当妈妈把她往死里打的时候，她就咬着牙一声不吭，心里想被打死也就算了。

有的妈妈会用语言或眼神恐吓孩子，就是为了让孩子安静、听话。有很多恐惧来自婴幼儿时期，即前语言期，妈妈带有敌意的眼神或动作足以让婴幼儿产生强烈的恐惧感。

当然，不容忽视的事实是，家庭暴力事件中的主角常常是爸爸，妈妈和孩子经常是被家暴的对象。对此，我也很愤怒。因为作为弱势群体，女性和孩子无论在家庭还是在社会方面，经常得不到有力的支持和保护。大多数人主张女性隐忍，为了孩子，无论如何都应该隐忍，这被称为"美德"。这样的舆论环境进一步促使妈妈认为一切都是为了孩子。

情感混乱的妈妈容易与孩子形成混乱型依恋

混乱型依恋是由心理学家梅因（Main）研究发现的。妈妈情绪的混乱和不稳定性，导致孩子在关系里充满恐惧、焦虑和不确定性。梅因提出：当依恋对象不仅被体验为安全港，与此同时也被体验为危险的来源时，混乱型依恋便产生了。

情感混乱的妈妈容易与孩子建立混乱型依恋模式，这是因为妈妈既提供他们生存的需要，又是他们恐惧的源头。

我老家的隔壁住着一位年轻的妈妈，有一次回老家，她向我抱怨自己上小学三年级的女儿一直尿床，并且在房间里不敢关门，总要站在离门最近的地方。

我很清楚地知道，这是她对女儿很粗暴的养育方式导致的。有好多次，我看到她因为女儿尿床而情绪失控地冲女儿甩巴掌。她女儿5岁时不小心掉到水沟里，非常惊恐地挣扎着，而她从水沟里拎起女儿就是几巴掌。大家的劝解似乎都不能消解她的暴怒，我看到了小女孩眼里的恐惧、慌乱和无助。

当小女孩掉到水沟里，这时最需要妈妈的安抚，但妈妈给予她的是恐惧的回应。实际上，小女孩尿床多数和内心的恐惧及冲突有关；而害怕关门也是担心遇到危险无处可逃时采取的外化策略，这些都是混乱型依恋的特点。

当然，并不是所有打孩子的行为都会造成混乱型依恋。妈妈的行为如果常常让孩子感到恐惧，才会造成混乱型依恋。

情感混乱的妈妈在亲密关系里更容易有家暴的情况，这也常常让孩子感到恐惧。而贫穷和生育的压力、被老公或公婆歧视及虐待的现实，也会增加妈妈把情绪发泄在自己孩子身上的可能性。

如果妈妈因为早期创伤，内心总是充满恐惧，或者经常处于恍惚的状态，心理学上称之为解离状态。那么，孩子也会在妈妈身上体验到混乱和恐惧，这样也会导致混乱型依恋。有的妈妈会因为受不了孩子哭闹不停而捂住孩子的嘴，孩子感到窒息后妈妈才突然醒悟，感到自己在伤害孩子。妈妈因为孩子哭闹而出现解离的状况，那一刻，好像妈妈的身份消失了，妈妈对孩子和自己的感知也消失了，于是出现了那可怕的一幕。解离常常是早年创伤经历导致的。

混乱型依恋的影响

那么，混乱型依恋会产生什么影响呢？

混乱型依恋在人的孩童时期就已经产生了比较明显的影响。比如孩子在学校中有行为问题，如旷课、打架、霸凌其他同学等，这样的孩子常常缺乏对他人痛苦的同情，这会形成一种恶性循环：孩子长期的警觉和缺乏妈妈的安抚使孩子变得混乱而好斗，这又进一步导致家长、老师和同辈的拒绝与惩罚。有着混乱型依恋的女孩更容易在青春期发生性关系，因为这样的女孩渴望爱，而在性的关系里，她感觉自己是被"关注"的、被"爱"着的，她无法分清爱和性。但是，性本身让女孩感觉自己不好，感觉羞耻，有的甚至会导致创伤性经历。

混乱型依恋会让一个人的自我价值感低下，应对心理冲突的策略失效，使其既渴望又恐惧亲密关系，一生都活在纠结和痛苦中。

有着混乱型依恋的人，内心缺乏基本的安全感，其核心体验是恐惧和焦虑。

小娟（化名）在家中排行老二，她爸爸是教师，较少回家，家里的农活基本由妈妈负责。她童年时常常被妈妈暴打，原因是妈妈干完农活回家时发现小娟没有做家务，或者小娟出去玩耍忘了做作业，等等。

而爸爸回家的日子就更难过了，因为爸妈会为一点儿小事大打出手。因此，小娟总是需要去找邻居帮忙劝架，她恐惧妈妈会死去，也恐惧爸爸妈妈会离婚。有时，妈妈在和爸爸打架之后会离家出走，每当这时，小娟都恳求爸爸把妈妈找回来。在妈妈离开的日子里，小娟也活在恐惧中，害怕再也见不到妈妈，害怕妈妈不要自己了。在这样的成长环境里，恐惧、焦虑和无助一直伴随着小娟，直到她成年。

从生理基础来看，大脑中最基础的边缘系统会在孩子反复经历爸爸、妈妈的威胁和恐吓的时候被激活，这会让孩子的大脑感觉陷入生死攸关的处境，处于警觉的状态。在之后的岁月里，一有风吹草动，大脑就会打开警报系统，身体自动进入战斗或逃跑的状态：心跳加快，血压升高。长期如此，一个人会经常性地情绪失控，身体持续紧张和僵硬。就如成年后的小娟，睡觉前总是害怕房间里有恐怖的东西，时常感到身体处于紧绷状态，肠胃总是不舒服，疑心自己得了胃癌，或当血糖高一些的时候，又担心自己得了糖尿病。

这样的恐惧和焦虑也常常伴有对身体的过度担忧：因为害怕患上严重的疾病而反复到医院检查，即使检查结果表明她没有什么严重的问题，也只能起到短暂的安抚效果。这样的情况常常与早期妈妈不仅对孩子的生理和心理需求没有回应，反而给孩子带来侵入性的可怕感觉有关。因此，这种早期创伤性经历让孩子的心理安全感基础非常差，长大之后其常常感到这个世界是不安全的，继而产生被迫害的想法，或者产生身体遭受疾病迫害的感觉，这实际上是心里的不安全感外化到身体中的原因，在其看来，这样的问题可以通过看医生而得到解决。

混乱型依恋还会导致一个人既渴望亲密关系，又恐惧亲密关系。

恐惧是内在安全感丧失的体现，透过大脑和身体的记忆，恐惧会让一个人长期处于警觉的状态。

小娟结婚之后，常常因为丈夫摆出愤怒的表情就感觉丈夫要打她，因此在亲密关系里总感觉恐惧和焦虑。事实上，她丈夫虽然有时候会愤怒，但是从来没有打过她。而在人际关系里，她总觉得自己要毫无保留地对朋友好。

　　小娟早年对妈妈的混乱型依恋让她对他人和这个世界感到极不安全，总是惶恐不安。她无法信任自己的丈夫，总觉得丈夫会伤害自己，这导致亲密关系疏离。在她的内心，自己是毫无价值的，因此形成了迎合讨好他人的生存模式，或者执着于证明自己是有用的。

　　像小娟一样经历混乱型依恋的人既渴望亲密又害怕亲密。在渴望亲密的时候，其会将对方理想化，渴望融合；而当与对方亲近的时候，其又怀疑对方会伤害自己，或担心自我被对方淹没。因此，在亲密之后，其又会快速做出破坏关系的行为。这是因为其内在的小孩既渴望得到妈妈融合性的爱，又害怕被妈妈伤害，或自我被妈妈淹没。

　　这样的情感两极摇摆，常常导致亲密关系中出现强烈的冲突，有时候会形成施虐与受虐的关系。

混乱型依恋的代际影响

　　依恋理论的研究发现，童年期处于混乱型依恋的孩子，长大之后和他人建立的关系也是极不稳定的。也就是说，"既渴望又恐惧"会成为这个人的核心关系模式。

一般来说，情感混乱的妈妈在自己早期的成长历程中也遭受过很多威胁或打骂，有的还经历过性创伤。她们身处不安全的环境，又无法得到保护。所以，这些未解决的创伤就以显性或隐性的行为方式，在与孩子的关系里体现，导致孩子遭受代际创伤，形成混乱型依恋。

第九章

难言之痛：心理问题与身体疼痛

身体从未忘记

对于小时候的经历，有很多我们已经记不清了，特别是 3 岁以前的记忆。但事实上，这些经历都印刻在我们的大脑和身体里。

晓雯（化名）是家里的长女。她爸爸酗酒后总是殴打她妈妈。她来找我是因为她自己无法喝凉水，只要喝到凉水仿佛就会晕厥并全身起疹子，有时候碰到凉水也会起疹子。晓雯记得第一次出现这种情况是在 10 岁那年，当时她正在客厅准备喝凉开水，醉酒的爸爸开门之后就开始殴打妈妈。看到妈妈快被打死的那一刻，她恐惧到几近晕厥，之后的事情她就记不清了。自此之后，晓雯就对凉水过敏，碰到凉水容易晕厥和起疹子。

晓雯的身体记住了那个可怕的时刻。事实上，对于晓雯而言，那是一次创伤性经历。

我的一位女性朋友感觉自己身体的右侧持续疼痛，那种感觉像是自己被劈成了两半，而医院没有检查出任何生理上的问题。后来她发现这种疼痛和父母的关系有关——父母以一种令她非常难以承受的方式离婚，给她带来了持久的伤害。如果内心的爱与恨无法言语化，身体常常就会承受这种分裂式的冲突。

身体疼痛的意义

身体以一种特别的方式印刻了我们成长中重要的经历和难以化解的冲突。身体会用它的语言向我们传达其中隐含的意义。那些没有明显生理基础的身体症状在向我们表达内心无法言说的痛苦和无法解决的冲突。接下来，我们看看那些难以言说的心理之痛是如何透过身体来表达的。

第一个是肥胖问题。肥胖是很多女性心中的痛。肥胖除了遗传因素，很多时候也与心理因素相关。肥胖和爱的渴望、攻击性的压抑有关。过度进食会导致肥胖，但是，明知吃多了会变胖，还是有很多女性控制不住想去吃。

一方面，这是因为爱的匮乏。进食和妈妈的喂养有关，好吃好喝就像被妈妈喂养，内心会产生一种满足感。另一方面，这也是压抑攻击性导致的。内心攻击性太强，但又无法表达，于是让自己变得很胖，隐藏攻击性。

有个女孩，她的爸爸总是骂她像猪一样笨，认为她很懒惰，有时候还暴打她。爸爸从来没有夸过她，妈妈也很难理解她的痛苦。因为爱的匮乏，她不断吃甜食，这导致她非常胖。她没有意识到自己对爸妈的愤怒，但她通过身体的肥胖告诉他人：我是没有攻击性的。同时，她的肥胖极大地伤害了爸妈的自恋，这是其对父母隐性的攻击和认同。

第二个是月经问题。月经是女性生育力的象征，月经意味着付出生命的一部分，具有自我开放、接受、孕育等女性特质。一个女性如果不接受自己的女性身份、不接纳女性特质、害怕性欲、害怕做母亲，就容易产生月经障碍或不适，比如严重的痛经、月经长期不调、绝经期提早等。那些因为女性身份而被妈妈拒绝的女性，很多都会存在月经方面的问题。

同时，因为女性身份而被妈妈拒绝，也更容易导致子宫、卵巢或乳房等方面的问题。其原因主要是在和妈妈的关系里存在着无法表达的攻击性。这种攻击性因无法表达而转变为对女性身份的攻击及对母亲身份的不接纳。其结果可能是女性器官出现问题，也可能出现不育不孕等症状。

第三个是皮肤问题。皮肤是人体最大的器官。皮肤问题常常预示着关系中界限和联结出现了问题。如上面例子中的遭遇家暴的女孩，家暴让她在心理上被一种失控的恐惧入侵，皮疹象征着其无法守住心理边界。

同时，因为皮肤是"我"的界限，皮疹表明体内有东西要冲破界限到体外来，就像无法容纳的恐惧和愤怒要冲破"心理的皮肤"跑到外面来。所以她的皮肤总是起疹子。

而皮肤敏感的人也有敏感的心灵。比如见到陌生人一紧张就脸红。此外，皮肤也是关系联结的直接方式。不管是粗暴地拍打还是温柔地抚摸，我们都能直接感到情绪情感的传递。皮肤出现问题，意味着关系联结出现了问题。

第四个是胃的问题。胃的问题和情绪有很大的关系。胃主要的功能是容纳，无法容纳的焦虑和紧张容易导致胃胀。胃制造胃酸分解食物，胃酸代表攻击性。一个人如果无法表达攻击性，攻击性就会转向自身，以火气和胃酸的方式呈现，最后导致胃溃疡。患胃病的人潜意识里渴望得到妈妈温暖的关爱和照料。

除了这四个常见的问题，还有很多其他的身心问题。比如，很多低血压的女性缺少活力，遇事总采取回避的态度。

女性性冷淡常常和女性身份认同、性创伤及糟糕的父女关系有关。而女性对性生活的极度压抑和排斥容易导致偏头痛。另外，紧张性头痛同虚荣心、好胜心强也有很大的关系。

心脏的问题多数和恐惧的情感相关。心律不齐的人常常是极力维持和谐情感的人。正因为人不能为情感所动，所以其心脏才会乱动。就像我的公公脾气特别好，哪怕挨骂，还是会事事迁就婆婆，但他心脏一直有问题。

心理问题躯体化的深层原因

那么，心理问题为什么会躯体化呢？

早期养育里长期存在的情感虐待和忽视、身体或性的虐待，这些创伤性经历如果没有得到解决，就会导致孩子或成年人的心理问题躯体化。

创伤会导致一个人缺乏自我意识，不能确认自己身体的感知和情绪的来源。情绪和我们身体的机能息息相关，比如呼吸、食欲、睡眠、排泄等。因此，创伤导致的压力和情绪会不断影响我们的身体，久而久之就会形成躯体症状。

早期的创伤越重，躯体化的症状就越难以意识化。比如，一个孩子若在婴幼儿时期遭受长期的忽视，没有适时被看见和安抚，那这个孩子就很难有安全感。虽然这个孩子长大后可能不记得自己经历了什么，但她的身体会记得一切。

我对此有深刻的体验。因为我2岁以前经常被妈妈忽视。听我妈妈讲，我小时候经常是饿了哭，哭着饿。成年之后，只要亲密关系受挫，我都会产生一种分裂的感觉。我意识里觉得分手是最好的选择，但我的身体像收到了死亡的信号，它记住了创伤时的恐惧、焦虑和绝望，这些导致我无法进食和入睡。

我认识一个被收养的女孩。她的妈妈经常打她耳光，长期让她承担繁重的家务。这个女孩长大之后交过多个男朋友，在和男友交往的过程中，她总害怕关系破裂，常常为了讨好男友而对男友处处迁就，甚至多次流产。因为没有得到正规医院的治疗，她已经不能再生育了。她还被诊断患有乳腺癌，因为情绪问题及妊娠中断很容易导致乳腺癌。这是一个让人很悲伤的故事，因为没有得到养育者的爱，她不知道如何爱惜自己的身体。

一个人，只有被好好养育，被妈妈疼过、爱过，才能学会爱惜自己的身体。

爱自己，你便能基于内心建立一个"安全基地"。这样的基地是妈妈在养育过程中逐渐建立的。有了这个安全基地，孩子就可以逐步学会容纳和处理自己的情绪，发展自我调节、自我安慰、自我养育的能力。我们之所以能够照顾自己、爱自己，是因为无论在身体上还是在情绪上，我们都曾被妈妈很好地照顾。

第十章

认同母亲：你为什么和母亲越来越像

成为妈妈的翻版

在人生漫长的岁月里，我们一直都受妈妈的影响。我们不仅身体里流淌着妈妈的血液，大脑也记忆着和妈妈情感联结的点点滴滴。

也许在经意或不经意间，你会发现妈妈身上那些你讨厌的特点，也会在自己身上出现。就像妈妈总是自恋性地贬低爸爸，也许你也会瞧不起自己的伴侣；妈妈总觉得你不够好，而你也许会觉得自己真的就像妈妈说的一样不够好；也有可能妈妈总是抱怨爸爸、抱怨生活，而你发现自己总是对生活很悲观。有时候，你会惊讶地发现你的夫妻关系和爸爸妈妈的关系极为相似。

也许，有的人会说，这是遗传。事实上，这些一致性的背后是你对妈妈深深的认同。妈妈对她自己、对你、对这个世界的感知和看法，都透过长年累月的情感联结，被你内化为自己的一部分。

晓芳（化名）常常因为女儿发脾气而情绪失控。每当女儿发脾气时，晓芳就感到一种莫名的烦躁和愤怒，因此常常拒绝安抚女儿，甚至对女儿发火，之后又感觉内疚。晓芳发现自己对待孩子的方式和妈妈早年对待自己的方式一样：无法容纳孩子的情绪，孩子哭闹和哀求时，要么愤怒，要么隔离感受，表现得无动于衷。这样的回应方式会导致孩子越来越黏人，越来越难以安抚。

那么，晓芳为什么会和自己的妈妈一样呢？你和你的母亲是否也有许多相似之处呢？答案是肯定的，相似之处也许是显性的，也许是隐性的；也许是你欣赏的，也许是你憎恨的。

成为妈妈翻版的生理基础

一般来说，从胚胎开始到7岁是人类大脑的高速发育阶段。在孩子7岁以前，妈妈回应孩子的吃喝拉撒睡和情绪情感的需要是建立情感联结的方式。养育关系里的刺激会影响孩子大脑的神经元和脑电波，从而塑造其大脑神经系统的运行模式，最后成为反应模式的生理基础。

例如，抑郁型妈妈的脸总是阴郁的，对孩子的生理需求反应迟钝。婴幼儿无法从妈妈的脸上、眼里看见情感的回应，这会影响其大脑中"镜像神经元"的发育。而镜像神经元是"心智化"的生理基础。心智化的核心功能有两个：一是理解自己和他人的情绪情感；二是理解情绪情感背后的原因。镜像神经元发育不足会导致一个人的心智在不同程度上受损。

如果妈妈不能理解孩子的情绪情感，孩子长大之后也难以理解自己和他人的情绪情感。因为妈妈的恐惧、焦虑和不安等情绪会透过妈妈的脸、眼睛、言行等传递给孩子。孩子的大脑和潜意识总是和妈妈同频，经过长年累月的相处，这样的同频塑造了孩子的大脑。

不同维度的自我如何认同妈妈

接下来我们从三个自我的维度解构为什么自我会成为妈妈的翻版。这三个维度分别是躯体自我、情绪自我和表征性自我。

第一个自我的维度是躯体自我。

精神分析学派的鼻祖弗洛伊德曾经指出，最初和最重要的自我就是躯体自我。

许多对身体和心理的研究指出，每个人的身体里都存储着很多自己不记得的事情，特别是有关创伤的记忆。这些是无意识记忆。婴儿最初的体验都是生理性的，比如吃喝拉撒睡，这些体验都被记录并表现在大脑和身体里：吃饱后的满足感、躺在妈妈的臂弯中沉入睡梦的平静感、无人回应时撕心裂肺的痛苦感，等等。这些身体体验构成了人们最初也最重要的体验。

可以说，身体体验是构成自我的基础。

因为家境贫困、处于多子女家庭等问题，孩子的身体需要可能常常被忽视。这些身体需要包括吃喝拉撒睡，也包括情绪的安抚，比如孩子哭泣时需要有人安慰。孩子哭泣在早期是一种交流信号，是在表达饿了、困了、尿了之类的信息。

如果妈妈在照顾中忽视孩子或粗暴地对待孩子，那么这些经历会被孩子的大脑和身体记忆，变成孩子对待自己的方式，这些方式会深深地藏在孩子的潜意识里。这样的孩子长大之后，常常不会照顾自己的身体，从而导致身体产生很多毛病，也就是心理问题躯体化。

第二个自我的维度是情绪自我。

情绪是什么？情绪是某种感受，比如愤怒、悲伤、羞耻、内疚、恐惧、焦虑、喜悦等。情绪判断具有生存价值。比如，面临危险时，人们会因为恐惧的情绪，选择战斗或逃跑。在现实生活中，人们也总是处在各种各样的情绪中。比如，人们会因为升职加薪而开心，会因为父母离世而悲伤，等等。

心理学家彼得·福纳吉（Peter Fonagy）提出，情绪调节是自我发展的基础，依恋关系是首要的心理环境。在依恋关系中，妈妈的养育方式决定了人们如何对待自己的情绪。具体来说，就是如何获取、调整和使用自己的情绪。

在生理上，婴幼儿的情绪总是和妈妈同频。因此，妈妈喜悦，孩子就开心；妈妈悲伤，孩子就难过；妈妈害怕，孩子就恐惧；妈妈焦虑，孩子也会不安。妈妈的情绪会透过养育环境直接传递给孩子。在养育过程里持续被唤醒的情绪，会通过大脑神经系统和身体细胞的记忆成为一个人的核心情绪。

妈妈的养育方式既决定了人们的核心情绪，也决定了人们如何调节情绪。如果妈妈总是批评、指责孩子，那么这个孩子的核心感受就是羞耻感。在长大之后，他会形成自我责备的性格，常常被羞耻感淹没。为了回避这种感觉，他会形成迎合讨好的模式，或致力于让自己成为完美的人，以此回避羞耻感。比如，上文案例中的晓芳，她的妈妈无法容纳和安抚孩子的情绪，导致晓芳也无法容纳和安抚自己孩子的情绪。

第三个自我的维度是表征性自我。

表征是信息在头脑中呈现的方式。而表征性自我就是人们在头脑中感知的自己。比如，我是可爱的、我是有价值的，这种对自己的感知就是表征性自我。

不难发现，那些深深影响我们的其实是我们对自己的感觉。也许有人会因为觉得自己没有价值而迎合讨好他人，或是执着于向他人证明自己是有价值的；也有人因为担心自己不值得被爱，而不惜一切代价证明自己是值得被爱的。

我们对自己的感知是根据妈妈对待我们的方式形成的。如果妈妈觉得我们是可爱的，我们会内化和认同妈妈的感觉，觉得自己是可爱的；而如果妈妈嫌弃我们，我们也会认同妈妈，觉得自己应该被嫌弃或自己是没有价值的。人们总是透过妈妈的脸、眼睛和言行来感知自己，从而形成表征性自我。人们的很多情绪情感和行为都是围绕表征性自我建立的。

总而言之，我们总是在认同和内化妈妈的过程中塑造自我，形成对自己、对他人和对这个世界的感觉。我们的内在自我和妈妈紧密地联结着。也许我们会发现自己是妈妈的翻版，也可能发现自己和妈妈完全相反。事实上，我们和妈妈完全相反也是因为对妈妈的反向认同，是为了防御内心像妈妈的那部分出现。

如果妈妈在养育过程中缺席，那么主要养育者将成为我们内化和认同的对象。当然，爸爸也对我们有着深远的影响。

第二部分

TWO

如何摆脱母亲对你的影响

因为我是女性

如何深度疗愈代际创伤

第十一章

分离：保持自己的心理边界

分离与自我独立之路

自我的发展有两条路线：一是母婴之间建立安全的联结，二是孩子与父母心理上的分离。

生命是一场关于分离的旅程，我们会经历断奶、上幼儿园、离家求学、结婚生子、离开这个世界等过程。早期的分离是由于随着孩子的成长，妈妈和孩子之间的情感联结需要更多空间，让孩子在心理上和妈妈分离。这个时候爸爸的参与至关重要。孩子逐渐独立、成为自己的过程，是爸爸、妈妈带着信任和鼓励逐步放手，而孩子带着支持和祝福逐步独立的过程。

好的养育让孩子感觉安全，让他们内在有足够的心理空间以发出自己的声音，听从自己的意愿。糟糕的养育，比如忽视、抛弃、控制等，会导致孩子内心充满焦虑、恐惧和羞耻，让孩子固守在和妈妈的关系里，导致他们无法发展自我，无法在心理上独立。

心里住着一个妈妈

每个人心里都住着一个妈妈，我们可以把她叫作内在妈妈。在成长的过程里，妈妈对待我们的方式会被我们内化到心里，成为人格的一部分。

比如，如果拥有一个总指责、批评孩子的妈妈，孩子的内在也会一直存在一个批评的声音，因此他们会对自己很苛责，或总是在内心投射外界的人批评自己的情境。无论这种批评来自内部还是外部，受到这样批评的孩子最终都会因为感觉自己不好而痛苦。

当然，一个对自己孩子充满爱和信任的妈妈会让孩子的内在充满生命力，让孩子能从容应对人生中的风风雨雨。在《阿甘正传》里，阿甘的妈妈就是一个坚强而坚韧的女性，她对阿甘的鼓励和深深的信任，让阿甘最终获得了成功与幸福。

妈妈对待孩子的态度会成为孩子内在妈妈的声音，形成核心信念。这个信念会在所有的关系里影响着孩子的感受、行为和决定。好的核心信念是力量的来源，而糟糕的核心信念是痛苦的根源。要想改变糟糕的"强迫性重复"，我们就需要改变糟糕的核心信念，勇于和内在妈妈分离。

与妈妈划清心理边界

与糟糕的内在妈妈进行分离，这是迈向独立的第一步，也只是一个开始。这种分离会贯穿成长的全过程。与妈妈划清心理边界可以分为四个步骤：觉察、反思、拒绝、表达。

第一个步骤，觉察。在这一过程中，我们寻找自我核心体验和信念，识别内在妈妈的声音。

改变往往始于觉察。你必须寻找内心的声音，透过它找到自己的核心信念，也就是内在妈妈的声音。在生活中，我们可以看到四种不同的情况。

第一种，如果妈妈是共生和控制型的，你会深感羞耻和焦虑并害怕分离，你也深信"如果我不好，妈妈和他人就会抛弃我"。因此你可能会形成迎合讨好的性格，以此来维持关系。满足他人的需要会让你在关系中感到安全。

第二种，如果妈妈经常批评、指责或嫌弃你，你就会坚信自己不好，并因此感觉羞耻。你会觉得"不管我怎么努力，妈妈和他人都觉得我不好"。有很多人一生都受困于"我是不好的"或"我是没有价值的"这种糟糕体验。这种信念会导致一个人执着于被认可或向他人证明自己的价值；也可能形成自我责备的自我攻击模式，久而久之，这样的人更容易抑郁。

第三种，如果妈妈受过虐待或情绪极不稳定，你可能常常经受被威胁的恐惧并因此焦虑。你内心既渴望妈妈，又感觉妈妈和他人是危险的。在亲密关系里，你常常感到失控，因为你渴望和他人亲密，但是一旦与他人变得亲近，你又感到不安全，于是你就会做破坏关系的事情。

第四种，如果你的妈妈总是忽视你，不回应你的情感和需要，那么你可能会感到深深的孤独和悲伤，以及无法言说的羞耻感。你会觉得"我是不值得被爱的，没有人会在意我"。因此，在亲密关系中，你会隐藏自己，把自己边缘化，而且还会执着地认为自己不值得被爱。你也会因为他人没有及时回复你的微信或电话而焦虑，内心不安，感觉自己做得不好。

如果你仔细觉察，就会发现上文提到的四种情况及其对应的核心关系模式会在你的各种亲密关系中重复出现。这是因为你总会把内在妈妈的声音投射给他人，进而认定他人会抛弃或批评自己。接着，你会因为痛苦而做出一系列决定和行为，这样就形成了你的人际关系模式。其实，这样的人际关系模式只是你和妈妈关系模式的重复。

其他的主要养育者也可以用上述情况分析，他们和妈妈对孩子的影响是类似的。

第二个步骤，反思。这一过程可以帮助人们了解核心感觉和核心信念是如何影响个人的。

反思就是对自己的感觉、认知、行为重新进行思考。我鼓励你在所有的关系里都进行反思，发展"反思性自我"。因为内在妈妈的声音总会被投射到关系里，所以，只有通过反思，我们才能阻止这种投射，回到真实的关系里。

我认识一位叫英子的女孩。在人际关系中，她总是感到别人对自己有敌意，因此常常对他人很防备，搞得人际关系很紧张。实际上，这是英子的内在妈妈的声音被投射到他人身上的结果，因为她的妈妈在她小时候就告诉她，爸爸和世界上的其他人都是危险的，都是带有恶意的。

第三个步骤，拒绝。我们可以设立底线，维护自我。

有了觉察和反思，我们就需要有所行动，心理学将这种能将反思转化为行动的能力称为反思性实践的能力。我们需要凭借这种能力学会拒绝，设立底线，维护自我。这是你的立场，也是最重要的心理边界。

女儿不敢在妈妈面前设立底线的一个非常普遍的原因是害怕被抛弃，也害怕因伤害妈妈而感觉内疚。

英子的妈妈有严重的自恋问题。英子不敢在妈妈面前表达自己的想法，也不敢有自己的情绪。因为这些都会招来妈妈的怨恨和惩罚。比如，英子没有及时关注妈妈，妈妈就认为英子对自己不尊重，会骂英子不孝，或好几天不和英子说话，这让英子觉得自己好像做错了什么。随着英子的自我觉察和反思越来越敏锐，她开始意识到，自己在人际关系里的迎合讨好其实都是在迎合讨好自己的内在妈妈。

英子在觉察和反思到这些之后，开始对内在妈妈设立边界。她在心里告诉自己："我已经长大了，只要我不抛弃自己，没有人能抛弃我。"

她开始不再害怕妈妈，会直接告诉妈妈自己的感受和想法。如果妈妈因此不高兴，英子也不再去哄妈妈。她觉得自己没有错，也没有不孝顺，妈妈需要为她自己的情绪负责。

这让英子受益颇多，在人际关系里她不再讨好他人，开始学会拒绝，甚至开始表达愤怒。英子在自我成长的路上越来越独立。

设立底线、维护自我是一个持续的过程，需要带着觉察和反思刻意练习。你可以把自己无法拒绝的人和事写下来，然后有意识地觉察、反思、行动。改变是漫长的，有意识的改变积累多了就会变成无意识的能力。就像骑自行车，一开始感觉很困难，熟练之后就不需要有意识地控制和思考了。

划清心理边界的第四个步骤是表达。我们可以温和而坚定地表达自我。

拒绝是一种表达，温和而坚定的拒绝是一种有力量的表达。

当你能觉察、能反思、能拒绝的时候，你就可以开始积极地表达自我，可以对你的妈妈和其他人表达自己的好恶。

刚开始，当自我开始觉醒的时候，我们总是充满愤怒的，以往压抑的愤怒会在这个时候冒出来或者喷涌而出。愤怒的背后是攻击性的表达，允许自己表达攻击性也是自我成长非常重要的课题。因为害怕自己变成恶人或者被报复，许多人压抑了自己的攻击性，但这样的压抑让人憋屈、羞耻、缺少生命力。即使意识到了这些，你还是要鼓励自己勇敢表达。也许一开始你的表达有些生涩和胆怯，或者害怕自己的愤怒会带来毁灭性的后果，此时你需要在心里思考之后再表达，这都属于正常现象。总体而言，对于无法表达攻击性的人而言，表达攻击性是一个体验式学习的过程。慢慢地，自我就会越来越能容纳和掌控内在的攻击性，对攻击性的表达也会越来越自如。

也许，有的时候你会觉得自己表达得很失败，认为自己的攻击性破坏了人际关系，你也许会因此怀疑自我。一方面，当你更能表达自我的时候，你就打破了原来的关系模式。那些习惯被你讨好的人可能会觉得不舒服，或者会因此批评你或远离你，这是很正常的。另一方面，当自我攻击性表达水平发展到一定程度时，我们越来越能发展出一种温和而坚定的表达自我的方式。当然，温和而坚定的表达在很多时候并不容易，在后文里，我们会逐步提及如何发展这一能力。《非暴力沟通》《爱的五种语言》这两本书也可作为参考。

内在妈妈是你的一部分，从现在开始，你可以每天都觉察、反思自己的核心感觉和信念，学会拒绝他人，学会表达自我，包括表达自我的攻击性。走出第一步虽然不会立刻让我们脱离内在妈妈的控制，但这仍是一个非常好的开始。

第十二章
哀悼: 直面失去的母爱，找回真实的情感

丧失与哀悼

我们的一生都在面临丧失，其中有很多是生命中必要的丧失。我们也总是在失去和得到之间行走，比如离开父母意味着获得独立，不再年轻的同时生命阅历也在增加，成为妈妈必然丧失一部分自由等，这些必要的丧失使我们的生命更加有意义。但是，有很多丧失并不是必要的丧失，比如母爱的丧失。

面对母爱的丧失，只有哀悼才能让我们放下过去，活在当下。

在个人的成长历程里，我经历了漫长而痛苦的哀悼过程。无论是直面与父母千疮百孔的关系，还是面对丧失的童年和自我，都不容易。每当想到父母让自己总是陷入同样的困境而无力爬出时，我就特别愤怒和绝望。切断与父母的关系和切断绳索不一样，绳索可以一刀两断，但心里的联结是切不断的。我也曾因为在生命的困境

里无法摆脱他们的影子而痛恨自己。

我曾经有一段时间很抑郁，也很愤怒，有好几年不怎么和父母联系。这个过程让我深刻地体会到：直面自己童年的创伤，特别是母子关系里的创伤，是一件非常不容易的事情。

在哀悼期里，强烈的愤怒、内疚和悲伤常常会击垮一个人，因此，很多人习惯否认或回避这个过程。但是，要想走出过去的阴霾，必然要经历这个黑暗的过程。可以说，面对创伤中的丧失，没有足够的哀伤就不可能放下过去，成为自己。我坚信，不是所有童年创伤的结局都只能是毁灭。直面创伤的目的从来都不是怪罪爸妈和社会，而是找到一条自我救赎之路。

哀悼的过程，即直面现实的过程。直面失去的爱、找回自己的真实情感要经历三个步骤。

第一个步骤是直面现实。我们可以觉察自己在与妈妈的关系里到底失去了什么。

有的人能清晰地记得童年的经历，也能深刻地体验妈妈带给自己的痛苦；有的人对童年的记忆模糊不清，对自己和爸妈的感情很淡漠；有的人能体验现实的痛苦，但是无法将其和自己早期的经历关联起来；有的人活在过去和现在的旋涡里，靠理智活着，根本无暇感受和思考。

如果和妈妈的关系让我们很痛苦，我们就必须学会保护自己。

这种自我保护机制就是心理学上的"防御机制"。创伤总是需要被防御或被遗忘，这就造成了现在与过去联结的断裂。

仔细觉察和感受就会发现，在人际关系里，愤怒、羞耻、悲伤的背后都是我们渴望被他人看见、理解、支持和回应的情感需要。现实中之所以会出现具有强迫性的重复性事件，其实都源自孩子对妈妈的爱的渴望。

你所渴望的，其实就是你丧失的。

有时候，我们失去了被妈妈全然看见、理解、支持和回应的情感，我们却常常将其归结为自己不够好。实际上，我们需要哀悼丧失的母爱，需要哀悼失落的自我和童年，不再为了获取妈妈的爱而失去自我。

我们需要哀悼"天下无不是的父母"这种信念带给我们的失落，也需要哀悼也许今生都不可能拥有"理想妈妈"的现实。因为，在成年人的世界里，你不可能从他人，包括从伴侣身上获得理想妈妈的爱。求而不得也许就是最终的结局。

我们可能会为我们的父母哀悼，因为他们也从来没有得到过无条件的爱、接纳和尊重。

如果你愿意，我建议你给妈妈写一封信，表达内心的感受和渴望，将所有的愤怒化为悲伤顺其自然地流露。也许，你需要有心理准备，流动的悲伤即哀悼，可能需要很长的时间，至于到底要多长的时间，取决于创伤的严重程度和哀悼的能力，以及现实中有多少良好的关系能支持你。

第二个步骤是接纳。母爱的丧失如果已经发生，我们要有能力承认这一点。

知道在和妈妈的关系里失去了什么后，我们就需要接纳这些丧失。这个过程是最困难的，也是最重要的。当我们越来越深刻地意识到丧失时，我们也会越来越愤怒和哀伤。

这个时候，我们可以试着接纳自己所有的情绪：不对自己的感受进行评判，无条件地和自己的感受共处。

当你感到对妈妈的愤怒时，以开放的态度去接纳它，不要因此批评自己或感到内疚。问问自己此刻愤怒意味着什么？当愤怒很强烈的时候，关注自己的呼吸和身体的感觉，以此让愤怒慢慢平息。

也许你会在愤怒过后感到深深的哀伤。让自己与哀伤同在，不需要评判，也不需要与哀伤抗争。哀伤可能一直持续，也可能时断时续，我们可以靠近它、接纳它，让哀伤流动，心疼、同情和照顾自己。在适应哀伤的过程中，你会慢慢地进入一种重新审视和理解自己生命的状态——就像凝视和走进深渊，但相信自己不会被黑暗吞没。

在这个过程里，你可以选择喜欢的方式和自己在一起。你可以试试冥想或正念，比如和内在小孩对话、进行"身体扫描"等练习。

你也可以尝试通过运动和艺术的方法和自己在一起。比如，搏击、按摩、瑜伽、舞蹈、音乐、绘画。另外，书写也是一个好方法。你可以写成长故事、情感日志，给妈妈写信或模仿妈妈给自己写信。

就我个人的经验而言，我经常做的事是书写。我的经历常常让我感到愤怒、悲伤、羞耻和委屈。在很长一段时间里，我常常把经历和感觉写下来，试着和这些感觉共处。每当这个时候，我会放一些自己喜欢的音乐，这些音乐大多和哀伤的感觉相连，常常能直抵内心。我会跟随音乐带给我的感受，接纳自己所有的感受，直到自己的感受发生变化。

我经常采用的另一种方式是绘画。我从小就喜欢画画，但因为家境贫寒而放弃。我常常把痛苦和悲伤画出来，有时甚至只是涂鸦，但这对我很有帮助。此外，身体舒展的方式，比如瑜伽和舞蹈也可以达到很好的效果，特别是对于难以言说的创伤。

每个人都有自己喜欢和适合的方式，这些方式能充分表达自己的感受，特别是愤怒和悲伤的感受，让我们不带评判地倾听、接纳我们的感受，让我们走近哀伤、见证哀伤，从孤独和羞耻感中解放，达到真正的自我救赎。

无法哀悼会让我们卡在抑郁里，卡在和内在妈妈的关系里，导致强迫性重复。在哀伤的过程里，我们似乎会陷入过去的旋涡，有永远流不尽的泪水。没有什么通用的公式可以帮助我们应对哀伤，因为每个人的哀伤各不相同，持续的时间也会有长有短。

其实，唯有真诚的陪伴才能抵御悲伤和痛苦。因此，我们需要有足够的耐心，好好陪伴自己。你也可以向好朋友或伴侣寻求支持。如果你仍然感觉无法走下去，可以寻求专业的心理咨询来帮助自己。咨询取得效果的核心是咨询关系。在这样的关系里，你所有的情绪情感都能被接纳、被理解，你和咨询师的关系好似母婴关系，这种关系很适合修复创伤、疗愈自我。

第三个步骤是转化。在转化的过程中，我们会逐渐找回真实的情感，与现实生活进行联结。

每个人都有自我疗愈的力量，在经历令人迷惘和崩溃的丧失之后，如果我们应对过足够的哀伤，转化就会自然而然地发生。我们将重新找到方向，找回真实感。我们会变得轻松，就像痛快地哭过一场之后感到轻松一样。

当我们不再因为害怕而给自己设置保护壳时，我们就可以在现实生活里活得真实。比如，你不会去迎合讨好每一个人，因为你接纳了自己"虽不完美，但很可爱"的事实。

十几年前，我还是一个不能表达愤怒的乖乖女。2008年，我参加了一个学习团体，当时有个练习是团体成员要彼此分享对他人的感觉，这是一个镜子练习，这个练习可以让我们在他人眼里看到自己。多数成员对我的感觉是"完美""挑不出什么毛病"。我隐约感觉哪里不对劲。后来我才知道，因为内心害怕别人觉得自己不好，我总是寻找正确的事情做。我有着高超的"伪装术"，这让我成为乖乖女、好学生。我也害怕表达愤怒，因为这会让别人觉得我不好。

2009 年，因为现实的困境，我陷入了抑郁和焦虑，感到非常悲伤。我开始进行一周 2 次的个人体验[1]，还参加了一个动力成长团体。我逐步意识到，以前我以为只有成为乖乖女才能获得爱和认可，为了获得爱和认可，我一直努力成为优秀的人，但事实并非如此。我开始对我的父母表达愤怒，我不想再隐藏真实的自己。于是我从乖乖女变成了团体成员口中的"小钢炮"。

几乎没有青春期的我，在 31 岁的时候进入了"青春期"，也开始了漫长的哀悼和成长期。这个过程花费了好几年的时间。最终，我在很大程度上从过去解脱，卸下伪装，做回自己。

我知道这一路走来有多艰难，所以我也理解直面现实、接纳悲伤、完成哀悼是一个非常艰难的过程，但是，请别放弃，这一切最终都是值得的。

1　请临床心理咨询师对自己进行一对一的咨询。——编者注

第十三章
自爱：疗愈母爱缺失的创伤

　　我们要直面母爱缺失的创伤，并且哀悼我们失去的母爱，哀悼我们失去的重获母爱的希望，这是一个漫长而艰难的过程。在愤怒和哀伤之后，有一天，我们会开始心疼自己，开始爱自己。这是一道曙光，当你开始爱自己、心疼自己，就意味着你开始走出来了。就像在一间黑暗的房间开了一扇窗，窗外的阳光透进来，你就会看到窗外的蓝天，终有一天，你会轻松地漫步在阳光下。

　　我们先看看无法爱自己的深层原因。

　　如果你不喜欢镜子中的自己或对镜子中的自己感觉陌生，这映射了你内心对待自己的真实态度：你认为自己是不好的或不值得被爱的。

　　这些认为自己很糟糕的态度源自早年没有得到父母足够的爱意和赞赏的成长经历。也许，你在童年时期被父母忽视，或因为女孩身份而被嫌弃、被不公平对待，或被要求成为一个完美的女儿，就像电视剧《小欢喜》中的英子，考了年级第二，妈妈还是觉得她可以考得更好，还需要更努力。这些经历都会让你感到失去了生命的意义，因为无论你怎么努力，都无法让自己变好。

如果内心认定自己是不好的，我们就会戴上虚假的面具。这使我们盲目追求成功，迎合讨好他人，挣扎着向他人证明自己的价值，或在内心认定一切都没有用，从而掉入抑郁的黑洞。这些做法会让我们失去自我，无法自爱。这些做法也会在某种程度上影响我们的人格，让我们憎恨自己又无法摆脱这份憎恨。

爱自己才能让我们重获喜悦、安宁和满足感。爱自己也意味着从母爱缺失的创伤或童年创伤的困境里走出来，获得自我疗愈的能力。

自爱首先是自我接纳。

要接纳自我需要有意识地从自我攻击的模式中走出来，接纳自己的不完美，这样才能真正爱自己。

在临床咨询中，我发现有很多来访者都有自我批判、自我厌恶的情况。实际上，这是一种自我攻击。这样的模式会导致自尊持续低下，自我感觉糟糕，从而陷入拖延或抑郁的状态。

自我攻击伴随着很多对自己的糟糕评价和归因。一方面，自我攻击者会不断使用糟糕的词汇定义自己，比如：没用、笨、懒、丑等。自我攻击者使用这些词汇的时候往往是无意识的。另一方面，自我攻击者的归因也存在以自我为中心的倾向。他们会将任何事情的失败都归因为自己，而忽略外在的客观现实。就像一个陷入抑郁的女孩感到无力应对工作和生活，常常感到不想动，但是，她认为这是因为自己懒惰而不是抑郁。因为她的父母认为，如果不是因为懒惰，为什么连把衣服扔到洗衣机里这样简单的事情她都不做。

自我攻击伴随的另一种情况是，自我攻击者取得成功或获得他人赞赏时会觉得这是运气好或者他人的赞赏是违心的。终究，他们觉得自己是不好的。他们也能在各个方面找到自己不好的证据。在临床咨询中，我常常需要和来访者探讨及检视他们对自己的感知，那些所有对糟糕的体验和解释，真的现实吗？还是只是他们内心的自我挫败和攻击的信念？

除了陷入自我攻击，还有一些模式会让你持续处在糟糕的情绪里。比如，对自己有不切实际的高预期，结果往往以失败收场。一些看似拥有全能而夸大自体的人总是幻想巨大的成功，比如，如果在股票投资里亏了现金，他们就会卖房炒股，想象自己一定可以把亏的钱赚回来，结果亏了血本，这种人也可能把问题的解决方案想得太过复杂。有拖延症的人对于将要做的事情往往有着完美的追求，在他们的感觉里，事情会变得棘手无比，结果是，他们还没有开始做事情，就已经被自己的想象"压垮"了，这样的幻想常常让人既焦虑又无力。

　　基于上面的模式，也许你可以带着觉察和反思找出自己的自我攻击模式，你也可以写下 3 ～ 5 个评价自己特质的负性词汇或自我攻击模式，找到这些可以让我们有意识地进行改变。这个改变的核心方式是觉察、反思自己认为的"事实"是否真的是事实，还是它们只是自己内心的声音向外投射的结果。除了这些可能性，还要思考是否还有其他的可能性，这样可以让我们更多地活在现实与当下，而不是活在自己想象的世界里；让我们拓展思维的宽度，而不是局限在自己的经验范畴里。

　　就像针对一件事情，我们需要有 A、B、C 等不同的维度和视角，而不能只有 A 视角。比如，一位要照顾两个孩子的妈妈，出门之后发现自己忘记给孩子带水了。自我攻击的妈妈就会责备自己不好，或者责备孩子吵闹影响了自己。这样的思考就只体现了 A 视角。而事实上，还有 B 视角是基于现实的思考，两个孩子出门要带的东西非常多，而且临出发前孩子出现异常情况也是常事。在这样的情况下，忘记某些事项是很正常的，这既不是因为谁不好，也不是谁的错。

　　了解自我攻击的模式后，我们就可以尝试接纳自己的不完美。

　　因为，要真正走出自我攻击的模式需要接纳自己的不完美。事实上，我们每个人都是不完美的，但我们可以成为更好的自己。或者，如心理学家欧文·亚隆（Irvin Yalom）在回忆录《成为我自己》中所说："你也许不能成为更好的自己，但可以更好地成为自己。"

接纳自己不完美的第一步是找出自我攻击的模式，通过觉察和反思，发展积极的自我对话，即发展观察性自我。

很多人内心往往认定自己不好，但是又无法接受，因此常常在人际关系里有强烈的羞耻感。假设他们在人际关系里"出洋相"，或在工作时犯了一个错误，就会陷入巨大的羞耻感，要么假装若无其事，要么为自己辩解；他们也可能因此对自己愤怒，或是"恼羞成怒"地迁怒于他人。

在大学刚刚毕业的时候，我还是一个腼腆而自卑的女孩。有一次，老板把我叫到办公室，让我给他的一个重要客户打电话催款。办公室里除了老板，还有很多重要的客人。我感到非常紧张和不安，不过还是硬着头皮拨通了电话。但是，当客户接起电话的时候，我感觉自己的大脑像短路一样，脸涨得通红，一句话也说不出来。大概 1 分钟之后，我才羞愧地挂了电话冲出办公室，我感到无地自容。

在之后的很长时间里，我都感觉自己很糟糕，强烈的羞耻感几乎把我淹没。我沮丧了很长时间，陷入了自我攻击的模式。成长之后，回头去看过去的自己，我才逐渐接受自己的成长是一个过程，接受自己曾经是一个"菜鸟"，接受自己现在在某些方面也还是"菜鸟"，我开始有更多的觉察和反思，能更客观地看待自己，这是我逐步走出自卑的重要历程。

如今，我已经在心理学领域学习和工作了13年，我的很多老师都七八十岁了，他们还在不断学习。他们教给我的是：带着不完美往前走。

接纳自己的不完美的第二步是打破"别人会怎么看你"的魔咒。

我们往往把定义自我价值的权力交给了他人，这是痛苦的根源。比如，你渴望得到权威人士的认可，他们的一个眼神、一句话就可以让你自我感觉良好或感觉糟糕至极；朋友圈里的点赞数似乎也能决定别人是否喜欢你、认可你。

十几年前，第一次被邀请做讲座时，我非常焦虑，我害怕自己讲不好，也害怕别人发现我的不好。幸好我的韧性让我纵然承受焦虑也能不放弃。

我内在的一个声音告诉我：如果因为恐惧而放弃了这个机会，也许你这辈子都不可能再走上讲台。这个经历让我开始对自己有了一些信心，但是，我并没有就此克服演讲焦虑。多年以后，厦门大学邀请我给学生做大型讲座，这次讲座的听众是400多名学生，为此，我又一次陷入了焦虑和不安。

整个心路历程的核心其实是我预设自己不好，并且害怕让别人看见我的不好。而我总结的经验是：往前走，用事实打破幻想，结果往往并不像自己设想的那么糟糕。

同时，我们也需要认识到，自己不可能让所有人都满意，也不可能让别人一直满意。我们总在设想生活应该如何进行，却常常忘记了，对于现实，我们真正能控制的部分远比我们认为的要少得多，因此，看清生活的真相，可以让我们更好地接受自己的不完美。

为了能够自爱，在自我接纳之后，我们还可以自我取悦和自我关怀。

首先，我们要学着无条件地接纳自我。无条件地接纳自我，说起来容易，做起来难。这意味着你要接纳你的身体，接纳你的拖延，接纳你不是父母眼中的完美孩子，接纳你不是人群中最优秀的那一个，等等。无条件地接纳自我也包括接纳自己的负面情绪，比如，当你痛苦悲伤时，不认为自己脆弱；当你恐惧害怕时，不责备自己懦弱。

莱昂纳德·科恩[1]在一首歌中唱道："万物皆有裂痕，那是光照进来的地方。"只有放下伪装，无条件地接纳自己的每一面，我们才能成为更完整的人。

1　出生于加拿大的音乐家、词曲作家、歌手、小说家、诗人、艺术家。——编者注

其次，我们可以表达自我，做自己喜欢的事情。

表达自我意味着你可以拒绝他人、设定边界、维护自我。表达自我也意味着抛开那些自我限定，做你喜欢的事情。请相信"我是值得的"，发掘并满足自己的需要。你可以试着列出此生想做的 50 件事情，从其中最容易的开始实践，努力成为你自己，不悔此生。

最后，希望你能照顾和关爱自己的身体。

好的身体是美好生活的基础，所以，从现在开始，去照顾和关爱你的身体。健身、徒步、瑜伽、冥想、推拿、美容等，选择你喜欢的、更容易坚持的，让自己动起来。身心是一体的，这些运动和自我关爱的方式会让你的身体和心灵更加愉悦。

舍得为自己花钱，也是爱自己的重要方式之一。

第十四章

和解：重建健康的母女关系

　　我和妈妈的关系经历了一个漫长的哀悼及和解期。在很长的一段时间里，我都是乖乖女，直到成为"小钢炮"，我才开始接纳和表达自己的攻击性。

　　无论在情感世界里还是在个人发展上，我都一度因为自己的创伤而深陷困境，并因此对我的父母感到怨恨。后来，我开始逐步理解，在那个时期，我的家族开始没落，我的伯父、伯母相继去世，我的父母需要照顾自己的三个孩子，而解决温饱成为核心问题，对于其他问题，我的妈妈疲于应对。

　　逐渐理解家族历史和父母的创伤后，我开始慢慢地谅解他们，也开始接受自己所经历的一切。哀悼并和解是一个缓慢的过程，在这个过程中我越来越坚定，我不想被自己的创伤所定义，也不想被自己的恐慌所控制，我学会了接受、理解和原谅。这个成长的结果让我在各种关系里的情感变得更加流动，我可以表达自己、坚持自己的立场，也可以谅解他人。

在这个漫长而艰难的过程里有四个部分贯穿和解的全过程。

第一部分与第二部分是愤怒和哀伤。

我们需要直面丧失，对母爱、童年及希望的失去表达愤怒和哀伤。愤怒和哀伤是和解的必经过程，而阻止我们对父母表达愤怒和哀伤的，常常是不讲道理的内疚感。

如果羞耻感的产生是因为感觉自己不好、没有价值，那么内疚感就是觉得自己做错了事情。我们常常被教育，抱怨妈妈或违背妈妈的意愿是"不孝顺"、不应该的。在某些家庭的孝道观念里，"顺"是核心，只要子女不"顺"着父母，就是不孝，这常常让子女承受巨大的内疚感。而接纳愤怒和哀伤的核心是消除自己的内疚感，坚定自己作为独立个体的权利。

在表达愤怒时，我并不鼓励和父母硬碰硬。假如你的愤怒无法抑制，直接表达会带来严重的后果，我建议你练习搏击等对抗性体育运动，以此发泄你的愤怒；或找咨询师，在安全的空间里表达愤怒。

当不得不放弃对理想妈妈的期待时，我们除了愤怒，还会感到非常悲伤。有的时候，悲伤的背后还有深深的绝望，那种感觉就像是碰到困境回头看时，发现自己孤身一人，没有可以依靠的人（这种依靠往往指的是情感上的依靠）。丧失母爱以及丧失从他人身上重获父母之爱的希望，总是让人非常悲伤和绝望。让悲伤流淌是直面绝望、走出创伤的必经之路。

第三部分是接受。

一直以来，我们都在为获得妈妈的爱和认可而努力奋斗，我们致力于成为"他者"，而不是成为自己，在某种程度上，我们只是自我生命舞台上的"傀儡"。我们一直希望妈妈会有所改变，但在多数情况下这是不可能的。我的来访者总是问我："如果连妈妈都不爱我，那还有谁会爱我？"失去母爱或面对妈妈自私的爱，确实会让我们怀疑一切，对爱失去信心。

我们不得不去思考：如果现实无法改变，那我们应该怎么办？我想，除了直面现实，接受发生的一切，别无出路。我们需要接受：我们既改变不了过去，也改变不了妈妈，更改变不了父母争吵和离婚的局面，等等，但过往的种种都不是我们的错。

有的人无法接受自己改变不了妈妈、改变不了历史的事实。这就会导致强迫性重复：要么和妈妈纠结一生，想要改变妈妈或婆婆；要么改造伴侣或者孩子。但是，凡此种种往往都以悲剧收场。所以，在我们强烈地想要改变某人或者某事的时候，需要反思我们到底想通过改变得到什么。

有些心智受损的人无法接受创伤，比如自己被忽视或被嫌弃的经历。这样的人往往会认为，自己情绪失控或抑郁是因为"遗传"，或是因为自己懒、笨、没用，等等。

如果你无法接受这一切也不要紧，也许你需要更多的时间，也许时机未到。我们也可以坦然接受自己"无法接受"这一事实。

第四部分是原谅。

接受很难，原谅更难。原谅并不是忘记、否认你的经历和伤害，原谅也不等于认同那些伤害行为。原谅代表对伤害行为的承认，代表对痛苦感受的接受，代表对父母过错的不予追究。原谅那些非故意的伤害，是种积极的方式，有助于疗愈伤痛。

原谅是对妈妈的理解，理解她成长的历史，理解她遭受的一切。在临床咨询中，我发现来访者的父母大多是创伤的受害者。我听过很多上一辈的故事，有的在年幼时就失去了父母，有的被当作童养媳养大并结婚，也有的因为女性身份被嫌弃和被不公平对待，还有的被虐待、被遗弃，等等。父辈的创伤，因为各种原因，无法被看见和修复。所以，创伤被代际传递，使我们成为创伤的第二代或者第三代受害者。

也许，你可以尝试了解自己爸爸、妈妈的成长历史，看看他们的人生经历了什么、他们是怎样的人，等等。把他们作为独立的个体去完整地看待后，看看你的内心会发生什么变化。

原谅意味着你不再觉得自己是个受害者，不再用创伤来定义自己的人生。从受害者心态中解脱，正是康复的真正标志。

当然，有些事情无法原谅，就像我们不能容忍有人在身体和情感方面虐待孩子，不能容忍那些忽视孩子最基本的需要和权利的人。在真实的世界里，有些行为是难以被原谅的。

原谅并不意味着承认那些曾经的伤口不存在，即使那些伤口不再化脓，也会永久地留下疤痕。如果你很难原谅或无法原谅那些伤害，那么就接受自己还没有准备好或自己无法原谅的事实。

经历了前面的四部分，我们就可以建立健康的母子关系了。

建立健康的母女关系的基础是把自己和对方当作独立的个体来看待，保持双方的边界，建立彼此尊重的界限。为了建立健康的母子关系，根据妈妈的不同类型，我们可能需要采取不同的方式。

建立健康的母女关系的核心是设立底线、建立边界、放下期待、做回自己。

如果你的妈妈无法和你分离，总想控制你、影响你，就像电视剧《小欢喜》中英子的妈妈，那么你的唯一出路就是坚定地设立底线、建立边界，并且放下对妈妈的期待，做回自己。

如果你感到很难让妈妈尊重你的独立性，那么我建议你和妈妈保持一定的空间距离，比如尽量不要和妈妈住在一起，或在一段时间内不跟妈妈接触，这会让你获得成长的时间和空间。当然，让自己保持经济独立也至关重要。

面对忽视或嫌弃你的妈妈，在经历了哀悼期之后，你才会放下过去，放下期待，做回自己。而对于曾经虐待过你的妈妈，是否接受和原谅，是否重新建立联结，你要尊重自己的意愿，不勉强自己。如果你卡在无法和解的痛苦里，你也可以考虑找咨询师来陪你走过这一段成长的路程。

这是一个漫长的过程。当你越来越尊重自己的感受和意志，越来越反对妈妈的控制、批评和定义的时候，母女关系常常会在一段时间内陷入非常紧张的状态。一开始，我们会对妈妈有很多的愤怒，对于任何人而言，这都是很正常的，很少有人在被不好地对待后还能内外一致地与对方相处，更何况这个人是自己的妈妈。同时，愤怒本身也可以制造距离，这个距离就像一个保护屏障，让你可以暂时脱离现实里妈妈带来的痛苦，有时间和空间处理、消化内在与妈妈的关系，从而在心理上逐步与妈妈分离。

在临床咨询中，我陪伴很多来访者走过和妈妈分离的心路历程。

就像来访者露露（化名），她和妈妈从共生走向分离，经历了漫长而艰难的过程。在设立底线和建立边界上，她拒绝了妈妈希望和她一起住的要求，也坚决地告诉妈妈：不要和她说爸爸的不好。她也不再动不动把自己的事情告诉妈妈，不再事事回应妈妈。这样坚持了一年多，她的妈妈才逐步习惯了新的模式。当然，这样的方式并不是她妈妈喜欢的，所以她的妈妈需要时间去接受新的关系模式。渐渐地，露露开始找到自己内心的声音和感受，开始走向独立。

建立健康的母子关系的原则是，学会温和而坚定地表达自己。

作为成年人，如何处理与爸妈的关系并没有定式。每个家庭的关系及背后的动力都非常复杂，家庭关系的紧密程度和问题的严重程度也各有不同，关键在于明确自己作为独立的个体，需要尊重自己的感受、需要和意志。我们可以围绕目标，深思熟虑，做出能够保护自我、尊重自我的选择。

对此我深有体会。我的婆婆希望我成为"全职媳妇"。因此，她对我的独立性非常不满。她常常像个"监工"，凡事都想过问和参与。

事实上，这是一场"权力的斗争"。受益于心理学和自我成长，我学会了设立底线，建立边界，我也很清楚我是怎样的人。有一次，我的婆婆责备我"不顾家"，我非常坚定地告诉她："妈，你的人生一直以来都是你说了算，我的人生我要自己做主。"她非常生气。我并不想和她理论，我只是告诉她我的决定，传递我坚决的态度。我很清楚，我不可能成为受她控制的所谓"顾家的媳妇"。

因此，在成长的路上，要坚定你想成为的自己、尊重自我的选择，虽然这是一件非常有压力和张力的事情。满足了那些没有边界、想控制你的人，你就终究无法做自己。做自己也必然会让那些想控制你的人生气和愤怒，但那是他们的事情，作为成年人，我们无须为他们的情绪买单。

第十五章

认同：寻找真实的自己

自我认同的概念

自我认同是一种对自己所思所做的认可感，简单地说，自我认同就是稳定地认可自己。自我认同的内容是由个人经历建构的。比如，如果爸妈能温暖而稳定地爱孩子，孩子就会形成稳定的被爱的感觉，觉得自己是有价值的、是值得被爱的。在形成这些感受的基础上，孩子会进一步形成自我感知：我是谁，我是怎样的人，我的个性和能力如何，我想做怎样的人，我的愿望和理想是什么，等等。这一系列感觉和认知是基于经历、感知和反思形成的稳定的自我认同。

自我认同水平高的人内在冲突少，不容易受外界的影响，自尊水平高，这样的人不会过分迎合讨好他人，对事情有一种胜任感，对成功感到喜悦和自豪。这种人会持续地向"理想自我"发展，在发展过程中，对自己有持续的满意和满足感。可以发现，要想找到真实的自己，就需要完成自我认同。

比如，现在我能比较稳定地感知我是一位独立而自信的女性，我很明白我有坚韧的生命力，这让我度过了人生的很多困境，我也很喜欢自己这样的特质；我明白并接纳自己并不是一个完美的女儿和母亲；我喜欢心理学，我坚定地追求我喜欢的一切，即使有人反对也不放弃；我认同我心理咨询师的身份，并且喜欢这样的身份；我理想中的自己是一个独立而内心自由的女性，我能成为自己、成就自己。

当然，在这些感知的背后还有很多细节，包括我会将后半生投入与女性议题有关的发展和研究；希望通过学习、成长和分享，帮助更多的女性。当然，这是一条漫长而艰难的路，不过，我相信坚韧的生命力是有感染力的。也许此刻，你也有很多感受和思考，那么你也可以试着拿起笔，写下你对自己的理解和思考，想一想自己是怎样的一个人。

自我认同的失败

自我认同一般会在青春期剧烈动荡，在成年之后趋于稳定，之后不断完善。在临床咨询中，我发现很多来访者没有真正完成自我认同，他们不知道自己是谁、想成为什么样的人、想过什么样的生活，等等。

无法真正地完成自我认同可以被理解为自我认同失败，这样的结果是我们无法成为真实的自我。自我认同之所以失败，是因为在成长的过程里，我们无法认同父母眼中的自己。

上文曾提及，我们对自己的感觉是透过妈妈或主要养育者的养育方式形成的。也就是说，如果爸爸妈妈嫌弃你或批评指责你，你就会觉得自己很不好、很笨，等等。这些对自己来说很糟糕的感觉，源于我们对父母的认同。这样的认同是痛苦的，因为没有人愿意接受自己是不好的或自己不值得被爱这样的想法。

通常的情况是，你认同父母对你的一部分糟糕的看法，不认同父母的另一部分看法，你渴望产生"我很好"的感觉。这样就形成了心理冲突，导致一个人一生都在追求他人的认可，即温尼科特所说的"假自体"。当然，如果父母觉得孩子是好的，并且把孩子当作独立的个体来尊重和爱，那么孩子就不会产生自我认同的冲突，他们的内心就会形成稳定的"我很好"的感觉。

女性身份认同

身份认同是自我认同的一部分。

如果有人问你下辈子还想做女人吗，你的答案是什么呢？

在很久以前，我会回答说，想做一个男人。

当然，我现在会觉得那个时候自己其实对女性身份并不认同。最初的形成原因是爸妈的重男轻女。后来，我发现女性时常被不公平对待，被当作附属。很多家庭里父母都渴望生男孩。莫言的作品《丰乳肥臀》就表达了女性的苦难和困境。那么，作为女性，我们该如何认同自己的女性身份呢？

一方面，我们不能认同男尊女卑的落后文化，不能认同女性作为附属或他者。很多时候，作为母亲和妻子，女性被鼓励付出和自我牺牲，而女性作为独立个体的自我价值部分却被忽视了。

独立的个体意味着被尊重、能追求个人理想，所以，我鼓励女性发展作为独立女性的部分。比如，我的婆婆要求媳妇"顾家"，所谓顾家就是完全围绕家庭生活，包括带孩子、做家务、照顾她和我的丈夫，等等。当然，我没有如她所愿，因为在我的价值观里，我除了是妈妈和妻子，我还是我自己。

这种根深蒂固的对女性身份的不认同是一件很悲哀的事情，这种思想通过一代又一代的母女关系传递。多少母亲在还是女孩时就被嫌弃、被不公平对待。长大之后，这些受到伤害的母亲想要生儿子，因此对自己的女儿有深深的厌恶或嫌弃，或者感到深深的失望。这些母亲的深度认同成为她们自我认同的核心部分，拥有"生了儿子的母亲"的身份似乎是她们生命唯一的价值。她们没有发展出独立的自我，而是依附于外界定义的自我。当然，我也发现，这些母亲常常也只有在认同男尊女卑观念后才能融入环境，这是她们为了生存做出的选择，既让人悲伤又让人悲哀。

另一方面，我们需要接纳女性身份所拥有的力量，包括坚韧的、包容的、温暖的、温柔的特质，接纳它们，发展它们，让这些特质成为你自己的一部分。接纳和展示自己作为女性的漂亮与优秀，让自己美丽动人、婀娜多姿，这并不是在取悦男人，而是在表达自己的喜好。

因为在原生家庭中被父母嫌弃，有些女性会不认同自己的女性身份，反而发展男性特质，嫌弃和隐藏女性特质。比如，有的女性一身男子气概，性格刚硬；有的女性拒绝穿裙子，不打扮。我在青春期时也曾有好多年不穿裙子，只穿裤子，特别是牛仔裤，这其实就是对女性身份的不认同。

当然，最典型的不认同自己女性身份的表现就是想生儿子、嫌弃或厌恶女儿。这样的女性将对自己女性身份的不认同投射到自己的女儿身上，于是怎么看自己的女儿也喜欢不起来。

重新完成自我认同，寻找真实的自己

自我认同是个人成长中非常重要的议题。哀悼与和解是重新进行自我认同的好机会。要重新完成自我认同、寻找真实的自己，需要反思和改变，接纳自己的不完美，获得自我的独立性。

拥有假自体的人会迎合讨好他人，渴望别人的认可，并且常常自我否定、自我怀疑和自我厌弃。这些都源于她们无法接纳自己的不好，也害怕别人看见自己的不好，因为自己不好就会被父母嫌弃或者抛弃。因此，要获得更完整的自我认同，你需要接纳自己的不完美，同时寻找自己的优势，这就是真实的自己。任何事物都有两面性，我们需要接纳自己好和坏两个部分，以获取一种整合感。

　　真实的自己是一个独立的个体，有作为独立个体的权利和责任。我们需要有意识地不认同父母对你的糟糕评价，有意识地不完全按父母的意愿活着，相信自己可以成为真实的自己。为了获得自我的独立性，我们可以"背叛"父母的一些期待，可以不必一切都认同父母。

　　即使这样，也不意味着我们就找到了自己，进而能成为自己。如果自我身份是混乱的，我们不知道自己是什么样的人、想要成为什么样的人，或者我们知道自己不喜欢什么，却不知道自己喜欢什么，那么完成自我认同就需要一个漫长的过程，这时，也许寻求专业的咨询会是一个好的方式。

　　晓悦（化名）是一个聪慧而漂亮的年轻妈妈，经济独立。她来找我是因为感觉自己带着厚厚的面具，活得战战兢兢。比如，婆婆或邻居一个不高兴的表情就会让她感到害怕，担心自己是不是做错了什么。她在意所有人的眼光、脸色，总是为此焦虑不安，这让她事事迎合讨好他人。

　　晓悦的妈妈严重自恋，要求晓悦做任何事情都要以她的感受为中心，如果晓悦不如妈妈的意，妈妈就会责骂她，甚至几天不和她说话。同时，妈妈更疼爱晓悦的哥哥，晓悦初中毕业就辍学打工，赚钱供哥哥读书。

　　晓悦有着坚韧的生命力，她需要重新完成自我认同，成为真实的自己。这是一个艰难的过程。她需要哀悼失去的理想妈妈，哀悼失去的自我，去面对、接纳和实践自己即使不好也不会遭到报复或抛弃的信念。她也需要反对妈妈的嫌弃，基于现实认同自己是一个聪慧和独立的女性。事实上，她有很好的生意头脑，这让她在事业上获得了成功。在经过自我成长之后，她开始享受自己好的部分，也开始接纳自己在某些方面不够好，从而走上自我认同的道路。这是一个成长的过程，而不仅仅是一个结果。

第十六章

发展：成为更好的自己

　　成为更好的自己，就要在自我认同的基础上持续向理想自我发展，成为更好的自己。

理想自我：更好的自己

　　理想自我就是理想中的自己。我们每个人都有现实自我和理想自我，理想自我常常很美好，而现实自我很"骨感"。比如，你理想中的自己是充满自信的，而现实中的自己很自卑；你理想中的自己是自由而无所畏惧的，而现实中的自己处处在意他人的评价和认可，谨小慎微；你理想中的自己可以在人群中侃侃而谈，而现实中的自己孤僻且孤独，等等。

　　我们会看到，理想自我和现实自我之间往往存在距离。

　　如何实现理想自我呢？我认为，合理的理想自我加上持续的努力。我的理想自我是成为独立而自由的女性，包括经济和人格的独立。因此，我选择努力工作，以确保自己经济的独立性；同时，在人格方面，我追寻自己的梦想，做自己想做的事情，努力成为自己想成为的人。

比如，我热爱精神分析，我想成为专业而资深的咨询师，并在女性议题上有所建树，这也是我的一个重要的身份认同。在有了明确的理想自我之后，就需要持续的努力和付出，这个过程会有许多阻力。我的情况是，上有老人，下有两个孩子需要照顾，我常常感到有压力，也会陷入困境。我选择不放弃，但也深感其中的困难。

对于很多人而言，无法实现理想自我的原因要么是不知道自己的理想自我是怎样的，在追求的途中迷失了自我；要么是在追求理想自我的路上放弃了。

如果你找不到理想自我，可以试一试通过寻找青少年时期的梦想，或想象未来十年或后半生你想要过的生活、想成为的人，或者想象你最喜欢的偶像的特质，并从中找到理想的自己具备的特质。如果还是不清楚也没有关系，你可能还需要一些时间，要允许自己慢慢来。

如果你有清晰而合理的理想自我，但总是实现不了或感觉遥不可及，这可能是你的自我挫败模式导致的。你可能会因为他人一句负面评价或一件事情的失败而全盘否定自己，从而陷入自我攻击的模式。一旦陷入这个模式，你就会认为自己是无能的、笨的、是一个失败者，等等，接着就会放弃对理想自我的追求。结果就是，你无法实现理想自我。而在自我攻击的背后，会有一个体验中的自我，这个自我比现实自我还糟糕，与理想自我的距离更遥远，这常常是深深的羞耻感和无助感的来源。

如果给自己定了太高的理想自我，又想一蹴而就，那么结果往往是失败。比如，你想成为某个领域优秀的人才，但又接受不了从"菜鸟"开始发展的过程，不愿接受漫长的努力过程，这样就很难达到心中的理想。这样的心理机制常常隐藏着巨婴的心理，因为内在有一个全能的体验性自我，这个自我离现实自我和理想自我都非常遥远。

我们总是走在实现理想自我的路上，而理想自我也在人生的路上不断改变。这样的过程让生命变得有意义，让我们充满动力。一个人无法坚持实现理想自我的方向，往往是因为无法承受努力过程里的失败，也害怕他人看见自己的失败。比如，有的女性在孩子小的时候可以安心地做全职妈妈，但是当孩子上了小学，她可以开始着手自己的规划和事情的时候，情况就变得非常艰难。其中一个原因就是在几年全职妈妈的生活中形成的方式让人心生恐惧，面对未知和不确定性，她必然会产生恐惧。另一个原因可能是妈妈内心其实本就没有找到理想自我的方向，过往经历里没有得到父母心理上支持的孩子，常常找不到自己的方向，就算知道自己要做什么也坚持不了多久，在碰到困难的时候很容易放弃。

实现理想自我有两个核心要素：一个是发展积极自尊、建立自信；另一个是为自己负责，突破自我限定。

发展积极自尊，建立自信，朝向理想自我

要想实现理想自我，成为更好的自己，那么我们就需要提升自尊水平。你的自尊水平越高，你的内在就越有力量，你也就越自信。自尊是在内心深处对自身拥有的价值深信不疑。发展积极的自尊指无条件地接纳自己，充分意识到自己既有优点又有缺点，可爱而不必完美。

发展积极自尊要接纳自己并正视资源取向。

一方面，我们需要接纳不完美的自己，另一方面，我们需要发展积极的自我陈述。

寻找令你产生共鸣的偶像，将之作为一个理想自我，他身上定有能激励你的特质，这会让你感到生命的力量。我内心最喜欢的女性之一鲁斯·巴德·金斯伯格（Ruth Bader Ginsburg），是美国最高法院历史上第二位女性大法官，她凭借坚韧和勇敢为很多女性带来了更多的权利。

你也可以通过冥想去接近自己的潜意识，找到你想成为的人的特质。然后，找 2 ~ 3 个能深入你的内心、让你有所触动的词。最后，形成一个自我陈述句："我是一个……的人。"比如"我是一个可爱而独立的人"。在之后的成长岁月里，你要常常有意识地确认、感受、实践这个句子，让它逐渐成为你内在自我的一部分。

资源取向包括两方面。一方面，要接受事物的两面性，即正性的和负性的。任何事情或事物都有两面性，当你无意识进入自我挫败的模式时，你可以有意识地寻找积极的资源。在每次自我攻击的时候，找 2 ~ 5 个积极的部分。训练自己对积极的自我感知的体验和思考，以此突破自我攻击和自我挫败的模式，这样才能提高自尊水平。另一方面，要专注于想要达到的目标，而不是将注意力放在想要逃避或回避的方面。

比如，在我撰写本书的过程中，我的稿件被退回和修改过很多次，这个过程让我相当沮丧和煎熬。我消极的部分会觉得：为什么我要做自己不擅长的事情呢？我觉得自己在找罪受。而我积极的部分觉得：我接纳自己并不擅长写作的事实，也接纳由此带来的沮丧感。同时，这个过程让我从一个写作"菜鸟"成为能比较好地进行文字表达的人。这是我成长的机会，也是实现理想自我的必经之路。因此，这个积极的部分支撑着我，让我坚持下来，痛并快乐着。

突破自我限定，朝向理想自我

我们对自己的限定，往往是成长的过程中，在社会和家庭环境中逐步形成的。这个过程受到社会文化和父母人格的影响。在我们还是孩子的时候，爸妈常常对我们使用"不要""不能""不可能""不应该"这样的限制性词汇。直到成年，我们可能至少听过这些词汇 1.5 万次。这些不断重复的限制性语言最终成为自我限定的一部分。

突破自我限定必须学会自我负责。人生没有"如果"，无论是成长中的创伤，还是现实人生的不如意，我们都不可能重新来过。

婚姻咨询中，常常有来访者问我："我到底要不要离婚？"其实，我给不了这个问题的答案。因为我无法为他人的人生负责。人生的每一个选择，结果是幸福还是悲苦，是成功还是失败，都要靠自己体验和承受。人生是自己的，没有人可以代替。说起来虽然有些残忍，却很现实。

突破自我限定需要倾听潜意识的声音，寻找自我限定，然后有意识地改变它、突破它。我们不需要着急实现一个大的突破。比如，如果你非常不擅长沟通，却决定去做业务员，想以此突破自我。这样的目标往往会带来很大的挫败感。改变自我可以从很小的事情开始，先从中获得满足感和胜任感，再慢慢积累，从量变到质变。

　　你的自我限定都有哪些？此刻，你可以拿起笔，写下 10 ~ 20 个自我限定，然后有意识地改变，努力成为自己想成为的样子。

　　愿大家都能逐步朝理想自我发展，成为更好的自己。

第十七章

突破：成为独立而自由的女性

独立指经济和精神的独立

经济独立是精神独立的基础。我总是主张女性应该追求经济独立，选择自己喜欢的或有兴趣的领域去发展。并且，在追求经济独立的同时，我们不能被金钱所奴役。

对于精神独立，我觉得有三个重要的部分。

其一，精神独立意味着有自己的理想和追求且能去践行。

其二，拥有自己独立的观点和思考能力且能自我反思。

其三，拥有一颗勇敢的心，敢于对自己的人生负责；敢于挑战世俗不合理、不公平的规则。

自由指的是内在自由。以下三个部分的自由，决定了你能否成为更好的自己。

其一，不被过去束缚的自由。

其二，不被自我束缚的自由。

其三，让情感流动，表达自我的自由。

从母亲身份讲独立和自由

母亲一直是女性最重要的身份之一，甚至决定了女性的一部分价值。在有些传统中，母以子贵，儿子的荣耀和孝顺常常是母亲身份的体现。社会赋予女性的自我价值是相夫教子，这极大地束缚了女性的发展。然而，现在的情况正在发生翻天覆地的变化，母亲不再是女性唯一的角色，只是女性身份的一部分。女性可以在家庭以外，通过努力成为自己，获得独立和自由。

经济独立意味着在经济上不依赖他人，比如伴侣或父母。但是作为母亲，经济独立并不是一件容易的事情。母亲天然有一种奉献和付出的精神，从孕育孩子到养育孩子，母亲的付出和牺牲是巨大的。因此，在养育孩子的过程中，很多母亲常常不得不放弃自己的梦想和工作。多年以后，要重新开始做自己想做的事情，其实是非常艰难的。无论如何，"男主外女主内"在一些家庭中是一种默认的传统，"女主内"意味着照顾家庭、照顾孩子是女性的主要责任，而现实生活的压力也常常要求家庭中的女性出去工作，这让女性更加感到身心疲惫。

比如丧偶式的养育，其中的艰辛与辛酸，只有身在其中的人才能深刻地体验。很多爸爸认为带孩子理应是妈妈的事情，自己赚钱养家就把自己当成家里的老大。有些爸爸甚至会对妈妈说一些非常伤人的话："带孩子都带不好，你还会做什么。"很多时候，孩子的问题都被归结为妈妈养育的责任。事实上，很多妈妈对家庭和孩子的付出与贡献常常被忽视、贬低，而社会及家庭不会认为爸爸需要为养育的缺席负责。

我非常能理解，作为妈妈，想要独立和自由是如何艰难。因为在养育孩子、照顾家庭的过程中，妈妈付出了自己最宝贵的年华，放弃了自我发展的机会，失去了经验累积的过程。最大的代价是看不见的机会成本。但是，无论如何，我还是鼓励妈妈们不要放弃。只要努力，这世间还是有很多可能性的。

如果孩子已经上幼儿园或者小学，我会鼓励妈妈们发展自己擅长或感兴趣的领域，逐步提升经济的独立性。当然，这样的重新开始并不容易，但是我觉得，作为女性，我们不仅是妈妈，更是自己，在成为妈妈的同时，不要放弃自我。如女性精神分析学家阿琳·克莱默·理查兹（Arlene Kramer Richards）所言："母性只是一个女人潜在力量的一种。"你可以努力创造你想要的生活，成为你想成为的人。这个追求会给你带来经济的独立，让你获得更多的自我价值感，你会有自己的朋友，也会拥有实现自我的空间。

这并不是要否认全职妈妈的价值。如果一个人在全职妈妈的角色里可以感到满足和喜悦，直至年老，仍然感到这一生充实而饱满，那也是很美好的。

作为母亲，精神上的独立意味着可以不把生命的意义全部放在伴侣或者孩子身上，可以不紧紧地抓住他们，或者将他们奉若自己生命的全部。这样的独立也意味着自己可以作为一个独立的个体去爱另一个独立的个体，尊重和接纳彼此的差异性，无论那个人是你的伴侣还是你的孩子。

一个女性能否获得男性长久的爱慕和尊重，其实是由女性内在的人格魅力决定的。而人格魅力的核心是精神的独立性，即独立的梦想、言行、思想和思考能力。

从自我的角度讲独立和自由

自我的独立和自由，即自我作为独立个体而存在，拥有独立的思想和精神。

自由永远是相对的。现实层面的自由有更多的束缚，但是作为独立个体，内在的自由要开阔得多。

能够和内在父母和解，放下过去，接纳自我，这是不被过去束缚的自由。

能够突破自我限定，摆脱外界的束缚和影响，能够面对外界的质疑之声，这是不被自我束缚的自由。

能够带着活力、喜悦和自发性，去深刻体验生命中真实的感受，勇敢地表达自我，这是让我们的情感流动、表达自我的自由。

但是在现实中，女性的内在自由往往会被束缚。女性在家庭里主要有四个身份，即女儿、母亲、妻子和自己。女儿常常被要求孝顺听话，母亲需要奉献付出，妻子应该贤淑持家，这些观念都呈现了女性顺从和依附的属性，忽视了女性自己本身也是独立个体。

女性和男性一样，也有自我实现和追求自我的需要。事实上，女性也能和男性一样，在不同的领域实现自我。现在也有越来越多的女性通过自己的努力获得独立和自由，不仅撑起了家庭，也成就了自己。成为独立而自由的女性是非常不容易的事情，但可能性始终是存在的。

我曾经提到，我的婆婆非常不喜欢我的独立性，她认为女性应该以家庭为重，最好不要工作，全心全意照顾家庭。对此，我极不认同。我认为，我和我的丈夫应该是平等的。比较庆幸的是，我的丈夫也主张这一点。在成为咨询师的路上，我不放弃的精神也常常获得他的尊重和支持。

我的另一位朋友就没有这么幸运了。很多年前，她也想成为心理咨询师，但是她的丈夫认为，他们的家庭经济条件还可以，朋友应该在家带孩子，做心理咨询师赚的钱几乎不值一提。当然，在刚刚入行心理咨询的时候，咨询师只有付出，基本没有收入。我的朋友顶不住压力，选择了放弃。多年以后，她发现丈夫对自己越来越不满，常常贬低她，彼此的交流也越来越少，她的丈夫常常对她说一句话："和你说了你也不懂！"

放弃职业发展，成为全职太太，容易被丈夫贬低或出现其他的婚姻不幸。这是因为，一方面，男性在社会实践中不断累积经验，而全职妈妈的世界往往只有孩子和柴米油盐，久而久之，两个人沟通的话题除了孩子再无其他；另一方面，男性常常把内在的冲突投射到妻子身上，他既认为照顾家庭是妻子的责任和义务，同时又渴望自己爱的女人是独立自主的。

你可以大量阅读和观看高品质的影视作品，结交有思想的独立女性，或进行长期个人咨询，带着体验去经历、思考和反思这一切，等等。这些都是对自我精神和心灵的熏陶。当然，你也可以寻找和发展适合你的爱好，比如，去探索你喜欢的领域，它可以是瑜伽、舞蹈，也可以是绘画、音乐或摄影，也可以是烘焙、刺绣，只要用心发展你喜欢的领域，你就已经走在自我独立和自由的路上了。

我们需要把外界知识和自我理解、体验不断进行加工整合，从而真正将之转化为属于自己的经验和理解。如果没有体验，没有独立的思考，知识就仅仅是被知道而已。一个人不思考的根源往往是不面对自己，回避和自我的交流。

女性的力量

成为独立而自由的女性是一个持续追求的过程。独立和自由没有绝对的达成标准，更多的是个性化的定义。随着你自我边界的扩展，你对独立和自由的定义也会越来越具有广度和深度。

阿琳是我最喜欢的女性精神分析师之一，她在著作《女性的力量》里提到自己曾经在某些阶段更男性化，而在另外的阶段更女性化，最后才达到两者整合的状态。我想，这就是男性气质和女性气质的整合，这也是女性的力量。

作为女性，我们可以拥有女性的特质，比如坚韧、温柔和包容，也可以拥有男性的特质，比如勇敢、力量、坚强等。当然，成熟的男性也可以宽厚、温柔又果敢、坚强。只选择性别的一面而否定另一面，会削弱自我的力量，形成自我限定。

人们的固有思维塑造和限定了女性的发展，就像社会上流行的看法：女性是感性的，而男性是理性的。这样的固有思维和偏见限定了女性在一些非常重要的领域里的发展，比如哲学。

最后，对于女性身份的思考，我推荐大家去看波伏瓦的《第二性》。

第三部分

母性的力量

因为我是女性

如何深度疗愈代际创伤

第十八章

母婴创伤：成为"好妈妈"怎么这么难

弗洛伊德曾描述道："母婴关系是一种独特的、无与伦比的关系，是最初和最强烈的爱，也是孩子后来所有关系的原型。"而本书第三部分将聚焦于帮助母亲获得母性的力量，即通过镜映、涵容、心智化、游戏、信任、边界和自豪等母性功能，建立高品质的亲子关系。

很难成为"好妈妈"的原因

不管妈妈做得好不好，做妈妈本身就是个难题。从孕育孩子到养育孩子是一个漫长而艰辛的过程。

如果把妈妈比喻成一个岗位，并为这一岗位列一张工作任务清单，我们可以列出不少于100条任务。举两个例子：每晚6～8次的夜奶，持续至少1年，我记得哺乳期时我常常坐着就能睡着；1年

365 天，每天哄孩子睡觉，一哄就是几年，等等。其实，照顾孩子非常辛苦，甚至比在职场工作还要辛苦。常年无休假、无工资、无奖金，即使自己累到精疲力竭，还是需要回应孩子的各种需求，自己的需求和情感则常常被搁置在一边。至于逛街、看电影、聊天、旅游等休闲活动，多数情况下会因为孩子而取消。这些事情，每一位妈妈可能都深有体会。

同时，做妈妈也不断面临丧失。比如，丧失女孩身份、丧失私人空间和时间、丧失苗条的身材，可能还包括丧失工作和自我发展的机会，等等。

而孩子也不是"省油的灯"。孩子有时候就像个"小魔鬼"，会调皮捣蛋、不听话，会发脾气、耍赖，还会提出蛮不讲理的要求和没完没了的需求。我 4 岁的儿子对自己发脾气的一种说辞是"我想要，现在就想要"，他不管父母能不能做到。面对孩子的需求，当妈妈真的非常不容易。

心理学家温尼科特曾提出妈妈"恨"孩子的 17 条理由。面对种种棘手的情况，妈妈在某些时刻会"恨"自己的孩子。如果妈妈接纳自己对孩子的"恨"，也许就更容易接纳自己那些糟糕的情绪。

做一个妈妈本身极不容易，何况是做一个"好妈妈"。当然，在心理学的定义里，"好妈妈"只需达到 60 分，大部分妈妈都可以做到。如果做不到，那意味着你可能正承受着巨大的心理压力，而压力的来源是母婴代际创伤和家庭问题。

第一个压力来源是母婴代际创伤。

很多早年经历过创伤的妈妈都曾经在心里对自己说"我希望我的孩子永远不要经历我所经历的"或者"我希望给予孩子我没有得到过的爱"。但是，当你成为妈妈后，才会发现自己和妈妈一样，无法好好地爱孩子。这意味着你经历过的创伤可能正在影响你和孩子，创伤的代际传递正在发生。

早年经历过创伤的妈妈如果无法在意识层面体验和理解创伤带来的痛苦，那么创伤的代际传递就有可能发生。这些无法被意识到的创伤变成了未解决的创伤，蛰伏在妈妈的潜意识里，侵入母婴关系，如同"育婴室里的幽灵"。

有位妈妈因为2岁的孩子晚上总是哭闹和做噩梦向我咨询。她曾经听从妈妈的建议，在孩子6个月的时候给孩子做睡眠训练。她每天晚上8点就把孩子放在床上，然后离开房间，即使孩子哭泣，她也不出现，孩子常常在绝望的哭泣声中入睡（我认为这样的睡眠训练极其残忍）。事实上，这就是后来孩子晚上常常哭闹和做噩梦的原因。这样的睡眠训练会给孩子带来创伤，导致孩子只能独自面对无边无际的恐惧和绝望。这位妈妈后来了解到，在她自己的婴幼儿时期，她的妈妈持有的养育观点是：少抱、少安抚，特别是在孩子哭闹时，不然孩子会被宠坏。在这个案例里，我们看到创伤就像"幽灵"一样，就这么悄悄地来了。

妈妈给孩子带来的创伤常常表现为忽视、入侵和虐待。

第一种表现是忽视。这样的妈妈是疏离而没有反应的，她难以对孩子产生积极的情感回应。也许是妈妈得了抑郁症，也许是妈妈的情感严重隔离。忽视也表现为妈妈无法满足孩子的基本需求，例如喂食和照看孩子。

第二种表现是入侵。这样的妈妈对孩子有潜藏的敌意和憎恨，常常无意识地把自己内心的敌意和憎恨投射到孩子身上。相比男孩，女孩更容易遭受来自妈妈的拒绝、嫌弃和敌意。有位妈妈常常重复做一个噩梦：年幼的她躺在床上，床边站着一个高大的女人，用恶狠狠的眼神盯着她，接着她被吓醒了。很久之后，她回忆起这就是妈妈的眼神，而这也是她常常感到恐惧和焦虑的深层原因，因为她感觉妈妈根本不想要她，只想要男孩。

第三种表现是虐待。有些妈妈憎恨自我的女性身份，并把这份敌意投射到女儿身上。她们会虐待孩子，有的妈妈常常情绪失控地谩骂或者暴打孩子，在精神或者躯体方面虐待孩子。而长期的批评指责或者情绪失控都会让孩子感觉恐惧和无助。

创伤就像"幽灵"一样蛰伏在妈妈心里。

在小贝（化名）很小的时候，她的妈妈常常把她送到外婆或者奶奶家抚养。在很长的一段时间里，寄人篱下的她都感觉自己被忽视、被排挤，她的内心有着深深的孤独。在成为新手妈妈之后，她非常努力地照顾女儿，但是她无法理解女儿的感受，无法和自己的孩子共情，她买了很多玩具，却不想参与游戏，她和孩子的玩耍常常不能维持半小时，因为这让她感到烦躁和疲惫。

她观察到丈夫在与孩子互动时要比她更好，女儿也更爱和爸爸玩。小贝一方面因觉得自己不是好妈妈而感到内疚，另一方面也感觉自己被女儿排斥，好像丈夫、婆婆和女儿才是一家人，自己是外人。小贝早年的创伤性体验因此被激活，她越来越抑郁，也发现自己缺失一个"妈妈角色模型"，她不知道该如何做妈妈，只能通过看书学习如何做一个好妈妈。她和妈妈没有情感的联结，也不知道如何与自己的女儿产生情感的联结，她内心充满了作为妈妈的无力感和羞耻感。

当然，还有很多客观原因和困境也会导致母婴创伤，比如早产、婴儿的生理疾病、婴儿异乎寻常的敏感以及特定母亲与特定婴儿之间气质上的"不匹配"等。另外，母婴创伤只是代际创伤的一种，它还有其他很多情况。比如妈妈和孩子在婴幼儿时期关系很好，但到了孩子小学或青春期，创伤被激发了，这往往与妈妈自己遭受创伤的时间节点有关。而隔代养育带来的复杂养育关系也是不容忽视的。爷爷、奶奶的溺爱，爸爸的缺席或者严厉对待，夫妻关系、婆媳关系的不和，等等，都在潜移默化地影响孩子。

第二个压力来源是家庭问题。

养育孩子是非常艰难的过程，妈妈需要另一半和长辈的帮助与支持。但是，有些女性不仅得不到他们的帮助和支持，还需要额外承受来自社会和家庭的压力。

如果你生的是女孩，而你的老公和婆婆又非常强烈地想要一个男孩，那么，你的处境可能会比较艰难。你和孩子或多或少都可能被嫌弃、被攻击或被冷落，好像生女儿是你的错。

还有，当孩子出生之后，如果婆婆或妈妈来了，家庭结构可能会发生变化。有的女性要面临婆婆的"霸权"，也许婆婆会争夺孩子的照顾权和话语权，也许你会惊奇地发现丈夫变成了"儿子"。婆婆来了之后，丈夫变了：他要么脾气暴躁，要么沉默寡言，要么沉迷游戏，要么外出不归。总之，你想要的丈夫的支持和理解都消失了。

这种复杂的多重冲突导致夫妻关系破裂的情况不在少数。这也是很多妈妈失去母性功能的重要原因，甚至很多女性会因此患上产后抑郁，之后转化为长期抑郁。即便如此，还是有很多患有抑郁症的女性被贴上"矫情"的标签。

有不少妈妈和婆婆对于女儿或者媳妇生孩子的艰难与痛苦很漠然，她们常常把生孩子形容得像母鸡下蛋一样，她们更在乎女儿或媳妇生的是男孩还是女孩。

有一位妈妈在月子里被婆婆戳着乳房嫌弃她没奶，婆婆的这种行为唤醒了她被妈妈嫌弃的创伤性感受，之后她常常陷入恐惧、愤怒和悲伤。可想而知，在这样的情境下，妈妈如何能安心地照顾孩子呢？

因此，一位女性成为母亲的时候，也是她早年因母女关系产生的创伤最容易被激发的时候，这也是产后抑郁出现的一个非常重要的原因。

若家庭经济条件差或者同时养育多个孩子，情况就更加困难了。这时家庭中的妈妈常常心力交瘁，并且无法很好地照看或回应孩子。这导致老大常常在其他孩子出生的时候变得非常黏人，或者爱闹脾气。而这个时候，精疲力竭的妈妈已经无法好好安抚老大了，这可能会在养育孩子的过程中形成恶性循环。在这个时候，若有帮手帮妈妈安抚孩子或者照顾小的孩子，情况会好很多。

走出母婴创伤

上述两个压力源增加了我们成为"好妈妈"的难度，但无论经历什么，你的内心都渴望获得美好，也渴望孩子能获得美好，这是母爱的天性。

为了走出创伤，我们需要直面创伤，让创伤的痛苦体验意识化，理解自己需要什么、渴望什么、有什么感觉。因为这是解决创伤的根本。

如美国哲学家威尔·杜兰特（Will Durant）所言："思维会抗拒审视苦痛，一如生者总是畏惧死亡。"

直面创伤并不容易。因此，我们需要对自己有更多的理解、接纳和同情，无论你和孩子之间发生过什么，请记住，这都不是你的错。因为很可能你内在小孩承受的苦痛，是你意识到的痛苦的千百倍，你应该意识到你正在承受这份痛苦，去看看你的内在小孩，去爱她，抱抱她。

想成为"好妈妈"，我建议你把孩子看作脆弱的、依赖他人的，却又独立存在的个体。如果你理解孩子也拥有感受和渴望，这本身就是一个很重要的成就。并且，要学会容纳孩子的情绪、回应他的需求，容纳的重点不在于说什么、做什么，而在于怎么说、怎么做。比如用温和的眼神、饱含情感的声调与孩子交流。

如果你感到情感匮乏，可以试图寻找"育婴室里的珍宝"，也就是那些你记忆里慈爱的、温暖的情感体验。也许只有片刻的时光，但也足够闪亮。试着回忆那些画面与感觉，让自己身处其中。这样的时刻在过去和现在都是弥足珍贵的。重新唤醒这样温暖的情感不但能够修复代际创伤，还能够修复近期受到的创伤。

你也可以寻求朋友或咨询师的帮助，或尝试和另一半交流自己的痛苦经历，看看他能否理解你。当然，我也会建议你规律地运动和睡眠，保持健康的饮食，这虽然是老生常谈，但很多科学研究都证明这样是有用的。

在某种程度上，我们都不是"好妈妈"，因为有些时刻，我们就是"坏妈妈"。但坦然地接纳这一点非常重要。

第十九章

产后抑郁：如何走出产后抑郁的阴影

我曾经在微信公众号上看到过一篇名为"我离死亡那么近，你却说我矫情"的文章，这是一篇关于产后抑郁的文章。文章里提到，有些妈妈忍过了生产过程中的十级阵痛，却躲不过产后抑郁的鬼门关，选择结束自己的生命。事实上，很多人对于产后抑郁知之甚少。

产后抑郁的表现和影响

通常情况下，在生完孩子之后，因为身体的疲惫和激素的急剧变化，85% 的女性会出现心情不好的状况。这种状况在感受上类似于抑郁症状，女性在这时会出现失眠、哭泣、自责、易怒等情绪，但这样的情绪常常在几天之后自行消失。如果这些消极情绪没有消失，而且持续时间超过半个月，那么这些女性很有可能患有产后抑郁症。事实上，约有 15% 的女性都曾患上产后抑郁。

患有产后抑郁的妈妈常常会感受到强烈的悲伤或愤怒，总是忍不住哭泣。她们会觉得自己不是一个好妈妈，常常厌弃自己，她们会感到绝望、内疚和自责，严重的时候甚至会觉得自己一无是处，不应该活着。产后抑郁的妈妈感受不到孩子降生的喜悦。而抑郁的背后，常常是深深的孤独感。

产后抑郁也常常伴随躯体化的反应，患产后抑郁的妈妈常常感觉自己身体会莫名地疼痛；或者非常怕冷，容易感到受凉或者头痛。她们对身体的感知非常敏感，但这时她们的身体也很脆弱，这通常被称为"月子病"。此外，情绪波动与家人照顾不周等问题常常导致产后的妈妈患上各种身体疾病。同时，有些妈妈会对自己的身体感到非常焦虑，一点小小的身体问题就可能让她们惶恐不安，比如她患上了胃炎，就会担心自己会不会患上胃癌，因此，睡眠质量变得非常不好，加之照顾孩子的压力与疲惫，她们的情绪可能处于崩溃的状态。妈妈这些状态常常让家人无法理解甚至厌烦，因此，妈妈身心处境的艰难很难被家人理解和看到。她们不仅要承受抑郁的痛苦，还要承受焦虑的煎熬。

产后抑郁会给妈妈的身心带来严重的损伤，这种损伤如果没有得到家人的理解和支持，没有及时治疗，可能会演变成长期的抑郁症。

产后抑郁的现实原因和深层原因

在产后这样一个特殊时期，妈妈无论身体还是心理都经历了一场洗礼。妈妈在怀孕期间备受宠爱，但是当孩子出生之后，突然大家都在关注孩子，而妈妈也需要全身心地照顾孩子。初为人母，妈妈会手足无措、身心疲惫。如果再加上婆媳关系不和或夫妻关系紧张，妈妈就可能感到无助、无力和被抛弃。通常情况下，这样的家庭背景是产后抑郁的温床，也是产后抑郁的现实原因。

婆媳之间的冲突一直是家庭冲突的核心议题，这种冲突也是关于权力的斗争。孩子出生之后，妈妈和孩子都需要婆婆的照顾。有些婆婆因此掌控家里大大小小的事情，还会批评妈妈养育中的不足；有些婆婆会因为儿子被媳妇夺走而无意识地想从媳妇手里夺回自己的儿子。谁养育孩子，谁对孩子就有特权，这是家庭文化的核心。因此，婆婆可能会和妈妈争夺孩子的照顾权和养育权。刚生完孩子，还很虚弱而无助的女性如果得不到丈夫的支持和理解，就很容易感到被忽视或孤立，从而陷入产后抑郁。

夫妻关系紧张常常是因为女性生完孩子之后极其需要丈夫在身体和情感方面的陪伴与照顾，但是，有些丈夫会忽视妻子的这些需要，他们要么沉迷于网络，要么出差忙于工作，其原因可能是他们还没有做好当爸爸的准备。甚至，有些丈夫直接退回孩子阶段，一切都等自己的妈妈安排和做主，好像妻子和孩子也应该由自己的妈妈负责，这种做法也会加剧婆媳的冲突。婆婆来了之后，丈夫好像就不是自己的了，很多女性会对此感到困惑。

而那些因为生女孩而被婆婆或丈夫嫌弃和忽视的女性，她们的处境会更加艰难。当然，丈夫的背叛对女性也是巨大的打击。这些外在因素足以击垮女性，导致其患上产后抑郁。

而产后抑郁更深层的原因是女性对其母女关系中的创伤的激活。

如果外婆曾经遭受产后抑郁的痛苦，那么，妈妈更容易患上产后抑郁。这是因为婴幼儿时期遭受的创伤，比如忽视、虐待、遗弃等，常常会在女性成人以后和婆婆、丈夫及孩子的关系里被再次激活。

为什么会出现这样的情况呢？

第一，生完孩子之后，妈妈的身心都很敏感。而婴儿本能地具有脆弱、依赖和需要被照护的特征，这些特征可能会唤起妈妈在婴儿时期遭受的创伤性体验，也就是渴望并依恋养育者，但又因得不到回应而感到无助和恐惧。这常常导致妈妈无法忍受和接纳婴儿的情绪，比如哭闹，而孩子在这个时候需要全情的照顾，这常常使女性成为妈妈之后感受不到幸福和满足，只能感到身心疲惫、心力交瘁，久而久之就可能变得抑郁。

我们通常认为，女性在生完孩子之后需要坐月子。而曾经未得到自己母亲良好对待的妈妈在这个时候很容易退行，即在心理方面退回更小的阶段，比如成为孩子。在这个时期，妈妈更想成为孩子，更渴望在这个时候得到曾经缺失的母爱，无论是通过婆婆还是通过妈妈或丈夫。

这个阶段的女性渴望成为孩子，重新获得母爱。如果这个时候婆婆或妈妈对其是温暖、理解和有耐心的，那么这时对于女性来说则是一个很好的创伤疗愈的机会。如果女性得到的照顾和情感方面的支持与回应较少，甚至被忽视、嫌弃或指责，那么其早年的创伤就会被激活，从而变得愤怒、悲伤、焦虑、易激惹和难以安抚，同时也容易把创伤里的愤怒投射到婆婆或丈夫身上。这个时候，丈夫往往也会感到挫败，变得没有耐心，并不再试图理解和关心妻子。这也导致女性因被忽视或被抛弃产生的创伤再次在与丈夫的关系里被激活并体现。她们也容易把这份伤害投射到婆婆身上，认为自己遭到了婆婆的伤害、虐待甚至迫害。

当然，在理解创伤和投射的心理机制的同时，我并不否认现实中真的有很多婆婆对媳妇很不好，不是挑剔就是嫌弃。

小晴（化名）是在丈夫的老家生的孩子，并由婆婆帮忙照护。她回忆起那段让她倍感悲伤和孤独的日子就泪流不止。她觉得婆婆常常忽视她，通常只是简单地做完饭就出去玩，留下她一个人在家。在那段时间她常常哭泣，她说不清哪里不对劲，而丈夫也不理解她。她觉得承受不了，决定回娘家。她抱着对妈妈的爱的渴望回家，结果幻想却破灭了。

　　她发现妈妈虽然人在她身边，但心不在。妈妈做饭时不会顾及她而选择更有营养的食材，好像根本不知道她在坐月子。慢慢地，小晴开始意识到，妈妈对自己的忽视和情感隔离是她感到悲伤的根源。

　　出现产后抑郁的第二个原因是妈妈有过被忽视、控制、抛弃、嫌弃或虐待的经历。妈妈没有"好妈妈"的角色模型，因此，她们常常害怕自己不是一个好妈妈。

　　一方面，妈妈会因为害怕照顾不好孩子，而把"妈妈"这个角色推给婆婆或自己的妈妈，自己和孩子变得疏离，但她们会对孩子感觉内疚。或者妈妈根本就不知道如何与孩子产生情感联结，与生俱来的母爱好像消失得无影无踪。因为在这些妈妈的心中，她们从来没有得到来自妈妈的情感联结，她们也不知道如何把孩子放进心里来爱。另一方面，妈妈可能变得过度保护孩子，不给自己留任何私人空间，认为不能单独将孩子留下。孩子的哭声意味着对自己的控诉，说明自己不是一个好妈妈。这种压力常常让妈妈的精神过度紧张，使其脾气更暴躁。

　　第三，家族有抑郁史。具有自尊脆弱、依赖他人和自我攻击型人格特征的妈妈也容易陷入产后抑郁。

走出产后抑郁

在缓解妈妈的痛苦、预防妈妈可能对孩子产生的不良影响方面，产后抑郁的治疗是非常重要的。

不幸的是，产后抑郁是一个并没有得到重视的问题，部分原因是大家更多地关注孩子，而妈妈常常被忽视。如果不考虑妈妈所处的环境和早期创伤，这种创伤就会通过代际传递影响孩子，很多孩子的问题也就无法被理解。

这些产后抑郁的原因，也是很多女性得抑郁症的原因。

当发现自己或周围人有持续的抑郁情绪且超过 15 天，首先应去医院寻求专科医生的帮助。无论基于何种原因，产后抑郁都需要被认真对待，需要获得家人的理解、支持和陪伴。

其次，要走出抑郁，一个比较有效且简洁的方法就是运动。抑郁常常让人懒得动，没有任何兴趣，感到情绪低落，这些都是抑郁的反应。让自己积极地动起来可以非常有效地缓解抑郁情绪。比如外出走路、跑步、游泳等，比较好的室内活动是瑜伽。运动和瑜伽可以很好地缓解抑郁和焦虑的情绪。

最后，和丈夫或闺密、朋友倾诉，给自己做时间规划，让自己有固定的整块时间休息，都可以有效缓解抑郁情绪。

产后抑郁是特定时期的抑郁，积极寻找抑郁的深层原因，修复早年创伤，是解决抑郁的根本办法，也是解决创伤代际传递的核心。

你也可以通过听课、看书或参加个人成长训练营获得修通，也可以寻求专业咨询师的帮助。

无论是现实原因，还是创伤被激活的原因；无论是婆媳关系，还是夫妻关系，这背后都有着非常复杂的动力，要解决产后抑郁的问题，需要理解背后的深层原因。然而，这并不是一件容易的事情。因为每个妈妈早年的经历和面临的现实处境各不相同，有些妈妈的处境好一些，通过自己努力地自救和家人的帮助，问题就可以解决。但也有相当一部分女性，不仅早年得不到妈妈的疼爱，在自己成为妈妈之后，也没有得到婆婆和丈夫的疼爱与支持，甚至还被嫌弃。在这样的情况下，要从中走出来是非常艰难的，寻求专业的咨询可能是一个让自己得到理解和支持的较好的方式。

不管怎样，想要改变、走出抑郁，朝向积极改变的道路，这本身就是最大的疗愈和力量。

第二十章

安全依恋：妈妈这样做，孩子拥有安全感

在咨询的时候，经常有来访者问我：在亲密关系里感到痛苦和无助，渴望亲密但总是失败，原因是不是"缺乏安全感"或"缺爱"？

答案常常是肯定的。因为我们内在的关系模式以及内在对自己和他人的感受及看法源于早年和妈妈（养育者）的互动。如果可以得到足够好的养育，那么我们的内心就会形成安全感，即感知这个世界是安全的，他人是善意的；反之，缺乏安全感即缺爱，就会常常感到来自他人的敌意或嫌弃，这会让一个人退缩、不自信，无法自如地进行社交活动，或者对别人充满愤怒，因为他会把内在感知到的敌意投射给他人，认为别人对自己怀有敌意，因此愤怒不已。

安全感是人格形成的基础，就像房子的地基一样，无论房子盖得如何，地基不牢也终究难以抵抗风雨。内在缺乏安全感会让人陷入自卑，缺乏冒险精神，也不信任他人甚至这个世界。内在安全感

对一个人的重要性是不言而喻的。现在，我们一起来看看如何为孩子建立内在安全感。

依恋类型——安全型依恋

和妈妈安全的依恋关系是建立内在安全感的核心基础。

依恋理论认为，与妈妈（养育者）建立亲密情感纽带的倾向是人类的天性之一，贯穿人的一生。这样的情感纽带就是依恋的核心。安全依恋指，孩子相信自己处于困境中时，父母会回应、理解和帮助自己。安全依恋中的孩子在和父母的关系里是舒适而愉悦的，对自我的感觉是良好的、被爱的、被接纳的。安全依恋的孩子拥有坚韧的生命力，也更加自信，敢于探索，具有创造性，也有着很好的情绪调节能力。

与安全型依恋模式相对的，还有另外三种不安全依恋模式。

第一种是矛盾型依恋。共生型和拒绝型妈妈的养育方式会使孩子容易形成矛盾型依恋。这样的孩子渴望被关注，容易产生分离焦虑，对妈妈的离开感到愤怒和不安，而在妈妈回来之后又难以被安抚。其原因是妈妈只是偶尔对孩子提供回应、理解和帮助，而更多的时候只考虑自己的需要。

第二种是回避型依恋。自恋型和无回应型的妈妈会使孩子容易形成回避型依恋。因为缺乏爱和支持，他们早早就学会了自给自足，这容易形成自恋型人格和温尼科特所说的假自体。其原因是妈妈基本无法或不会回应孩子的需要，表现得很冷漠，孩子常常感到被拒绝。

第三种是混乱型依恋。被父母躯体虐待或敌意对待的孩子，常常形成混乱型依恋。这属于最不安全的依恋模式。这类孩子的内在十分混乱，容易不分场合地哭闹，行为表现常常杂乱无章，缺乏组织性，有的孩子可能还会虐待小动物。

依恋模式一旦形成，就会表现出相对的持久性。在孩子9个月大时，对妈妈的依恋成为一种模式被固定下来；到3岁左右，便会形成稳定的"内在工作模式"，并且可能持续一生。虽然依恋模式具有持久性，但如果父母对待孩子的方式发生改变，依恋模式也会发生改变，比如从矛盾型依恋转为安全型依恋。

那么，我们如何建立安全型依恋呢？

建立安全型依恋的核心是妈妈为孩子建立"安全基地"。

安全基地是由妈妈（养育者）提供的足够好的支持、安抚和保护所。当孩子需要妈妈的时候，妈妈总会在那里，这样可以让孩子安心地探索外面的世界。渐渐地，这种安全的感觉就会被孩子内化为内心的"安全岛"，于是，孩子就有了基本的、稳定的安全感。

安全基地的功能是支持孩子去探索世界。就像1岁左右的孩子，会在蹒跚走几步之后快速地回到妈妈身边，当感到安全之后，会再次走得更远。孩子逐渐成长，心安地离开妈妈的时间也会更长。

　　作为妈妈，我内心常常有这样的意象：自己好像是棵高大的榕树，这也是我最喜欢的树。我的孩子可以去她想去的任何地方，当她感觉受伤的时候，也可以随时回到这棵榕树下，我会一直在那里，一如她出生时那样，无条件地爱她、接纳她。我想我意象中的这棵榕树就是安全基地的象征吧。

　　冥想 3 ～ 5 分钟，你和孩子之间的关系会呈现怎样的意象呢？

　　或者，如果让你在植物和动物里各选择一种来代表自己，你会选择什么呢？有的人选择小草，这意味着其内心对自己的感觉可能是虚弱和易被忽视的，她也会感觉别人忽视自己，自己就像小草一样无足轻重，但是小草又有旺盛而坚韧的生命力；有的人选择猫，也许在他们孤傲的背后有些冷淡，排斥太亲密和太依恋的情感。透过对自我的理解，我们可以理解自己的孩子会如何感知自己。你可以试一试，选择完之后，去感知对这个植物和动物的感觉，也可以问好朋友对你所选的植物和动物的感觉。这样可以对自己是怎样的人或者想成为怎样的人有清晰的感知，也就能知道孩子是如何感知我们的。

　　建立安全基地的核心是妈妈的敏感性和可获得性。

　　我们对自己身体和情绪的自我照顾源于我们被照顾的方式。被足够好地照顾需要妈妈的敏感性，即妈妈能准确地捕捉孩子发出的身体和心理信号并予以回应。同时，当孩子需要妈妈的时候，妈妈是身心在场的，即具有可获得性。为什么强调身心在场呢？因为有的妈妈人虽然在，但心不在。

我曾经做过为期 1 年的婴儿观察训练，每周 1 次，每次 60 分钟，观察婴儿从出生至 1 岁期间如何和妈妈建立情感联结。我发现，情感联结常常是由妈妈的敏感性和可获得性决定的。比如，当婴儿哭泣时，妈妈能否捕捉婴儿哭是因为饿了、尿了还是因为需要妈妈的安抚；妈妈会如何理解，又会如何回应，等等。

这些母婴互动的细节决定了婴儿在和妈妈的关系里是否感到安全，即妈妈是否为婴儿提供了安全基地。

那么，哪些因素会影响安全型依恋的建立呢？

毫无疑问，敏感的妈妈外加被拒绝、被嫌弃、被分离、被威胁、被抛弃的经历，会让孩子形成不安全的依恋模式。因为没有稳定的安全基地，所以孩子无法在内心形成"安全岛"，无法拥有安全感。

因为女性身份被嫌弃，常常被批评指责，父母工作繁忙而保姆又频繁更换，等等，这些情况都可能导致孩子形成不安全的依恋模式；还有一些看似无伤大雅的养育细节，常常也是孩子不安全感的潜在来源。

举个例子，我女儿 2 岁左右的时候和阿姨很亲近。有一次阿姨带她到外面玩时，阿姨故意躲了起来，我女儿因为找不到阿姨而恐惧地大哭。回家之后，阿姨非常兴奋地和我分享这一情节，但我感到非常震惊，震惊于她的满足感竟是建立在孩子因为恐惧而极度依恋大人的那个时刻。

另外，妈妈无法对孩子渴望亲近的需求和自主性探索的需求保持敏感并予以回应，也容易让孩子形成不安全的依恋模式。

我的一位女性朋友，因为丈夫要和她分手，她感到强烈的恐慌和痛苦。她常常因为对方没有及时回信息或接电话而崩溃，也常常因此做出过激的行为，包括威胁自杀。

她在亲密关系里的痛苦源自早年妈妈对其严重的忽视，妈妈会拒绝她的亲近需求，比如，她和妈妈虽然同睡一张床，但从她记事起，妈妈就拒绝和她同盖一条被子，更不用说拥抱和爱抚了。

作为人类的自发性行为，探索具有积极的意义，但是控制型妈妈会因为害怕孩子受伤或离开自己而阻止孩子去自由地探索，这也会导致孩子形成不安全的依恋模式。事实上，对孩子过度担心是养育者把自己内心的恐惧和虚弱投射给孩子，认为孩子也同自己一样脆弱。比如，有位妈妈常常对自己的身体抱有很严重的焦虑，哪怕身体有一点点问题都会让她惶恐不安。有一天孩子摔倒了，妈妈就带孩子去医院做了检查，尽管孩子没有什么问题，但妈妈还是非常不安，这样的恐慌持续了好几天才平息。妈妈这种恐慌的状态常常会被孩子刻到内心，孩子的内在感到的是恐慌的妈妈，这样的妈妈无法让孩子安心，反而会让孩子和妈妈同频感到恐慌。

还有，如果总是处在家庭暴力、夫妻争吵、婆媳冲突等环境下，孩子也容易形成不安全的依恋模式。家暴会让孩子总是处于惊恐的状态，这种情况下孩子可能感知的是自己依恋的父母是可怕的，孩子也会非常害怕父母一方在家暴中死去，年龄大一点的孩子憎恨爸爸的同时还会恨自己无法保护妈妈。孩子感知本应该相爱的亲人是如此可怕，这一切会成为孩子对亲密关系既渴望又恐惧的根源。

如何让孩子重获安全感

照顾婴幼儿或更大的孩子是一项异常艰辛的工作，因此，如果你的孩子是不安全型依恋，也不要责备自己。我见过非常多的妈妈，为了不让孩子遭受自己曾经经历的痛苦，在养育孩子方面竭尽所能。但如果妈妈内在的爱太匮乏，她就难以有能量去更好地爱孩子。所以，你需要学会谅解自己，这也会给孩子树立好的榜样。

很多不安全型依恋的形成源自妈妈早年的创伤。如果妈妈有着痛苦的童年，生完孩子后很少或没有得到丈夫及长辈的支持和帮助，那么妈妈的早年创伤常常会被激发，这很容易导致不安全依恋的形成。

如果妈妈有能力"诉说"童年的创伤经历，并了解童年的创伤经历对自己长期的影响，她就更有可能和孩子建立安全型依恋。因此，你需要重新理解你的过去。你可以与能理解和支持你的朋友倾诉，也可以把过往的经历写出来发给你生命中重要的人，比如你的父母，也可以寻求专业的心理咨询。当然，这是一个哀悼、疗愈和整合的过程，需要一些时间。

同时，你需要持续提升自己对孩子的关注和回应能力，并尊重孩子作为独立的个体存在。镜映、涵容、心智化、空间、独立与依赖等，都涉及如何与孩子重建安全依恋模式。妈妈的改变常常带来孩子巨大的改变，越小的孩子，改变越快。

和孩子游戏是培育情感联结、建立亲密关系、发展自信、远离孤独感及无力感的最好方式。

与孩子情感的联结是建立安全依恋的必要条件。情感的联结在关系中常常断裂，而修复能力是最重要的。如果联结断开而无法重新修复，就会成为创伤，进而发展为不安全的依恋。就如同孩子和母亲之间剪断脐带的联结，但之后妈妈又把孩子抱进臂弯，关系在断开之后又重新联结。

通过游戏与孩子联结

对于婴儿和幼儿，可以玩"镜子"游戏，这是一种很好的情感联结方式。就是孩子做什么你也跟着做什么。比如当孩子"咯咯"笑的时候，你也"咯咯"笑，这个过程会让双方建立起亲密的联结。

也可以玩"蒙眼睛"游戏。这个游戏不仅建立了联结，还饱含亲密的感觉。对于婴幼儿来说，看见你—你消失了—又看见你了，这样的消失是一种象征性的失去联结又恢复联结的过程。这个游戏传达了"断裂—联结""存在—消失"这些内在的循环。就像我们成人知道，月亮走了明天还会来，这样能建立起孩子的内在安全感。

对于上幼儿园的孩子来说，可以玩"躲猫猫"的游戏，这个游戏和"蒙眼睛"的游戏有同样的效果。如果有二宝，可以一起加入，这是一个非常好的建立联结和修复关系的游戏。妈妈可以和女孩一起过家家，爸爸可以和男孩一起拼乐高或玩遥控飞机之类的玩具。需要孩子与父母合作完成的游戏，通常都可以非常好地促进情感的联结和流动。

另外，对幼儿进行身体的抚触，和稍大的孩子拥抱，都是建立联结非常好的方式。每天睡觉前一个亲吻、一个爱的道别、一个晚安故事，每天早上一句友爱的问候，孩子临出门上学时的一个拥抱等，都可以非常好地建立情感联结。

对于青春期的孩子，妈妈可以和女孩发展一些共同的兴趣，比如一起做饭、烘焙、做手工等；爸爸可以和男孩一起进行徒步、跑步等户外运动以及其他运动。郊游踏青是很好的亲子时光，偶尔和孩子一起玩手游也是非常好的促进关系的方式，这样可以让孩子感到自己是被理解、被接纳的。和父母的关系，除了青春期叛逆和对抗，还有共同的美好时光。这些都是亲子关系中的"高光"时刻。

第二十一章

镜映：提升妈妈"看见"孩子的能力

看见即爱

看见即爱。如果你看到孩子摔倒了，然后流露出心疼的眼神和表情，那么孩子在看向你的那一瞬间，就会有被"爱"着的感觉，仿佛伤口也没有那么疼了。或当孩子考了很高的分数，满心欢喜，在你看到孩子笑脸的那一刻，你欣喜地笑了，这时，你看到的不仅仅是孩子的分数，还有孩子内心的欢喜，你也看到了孩子渴望被看见的需要，这就是"看见"。

当然，也有糟糕的方式。孩子摔倒哭了，爸爸在旁边训斥："又不痛，哭什么哭！"孩子考了好成绩，渴望得到父母的赞赏，而有些父母的回复永远带着不满足或者批评。孩子很难从他们的话语和眼神里感受到对自己的肯定。

镜映，即妈妈照见孩子，孩子看见妈妈。

精神分析有一个分支，叫自体心理学，这主要是一个研究自尊的心理流派，它提出一个核心的概念"镜映"。简单理解，镜映就是在镜子中看见自己，就一定程度而言，那个镜子即妈妈，孩子能从妈妈眼中照见自己，以此确定自己的存在及存在的感觉。

妈妈温和而有韵律的声音、温柔的爱抚、充满爱意的眼神和温暖的臂弯等，都是对婴儿的镜映。婴儿自出生开始，就有着全能的自恋感和原始夸大的自体，他们会觉得自己是宇宙的中心，这是一切美好的开始。

妈妈的镜映支持婴儿产生一种"我是完美的，而且你爱我"的感觉。这是自我价值感的核心。在这个基础上，随着自我意识的发展，婴儿开始逐渐知道妈妈并不是自己所能控制的，因此开始经历必要的挫折。

妈妈如果有足够好的镜映，婴儿就能从全能的自恋感中逐步发展出具有适应性的自我，以此来应对现实的挫折。比如离开妈妈去上幼儿园、接受妈妈不给买自己想买的玩具等。这样的过程使孩子逐步放弃全能自恋，发展出高水平自尊，即稳定的自我价值感。这让一个人可以自由地做自己，让他既不渴望他人的认可，也不将实现自己的价值寄托在伴侣和孩子身上。

镜映意味着妈妈能看见孩子内心渴望的回应，孩子从妈妈的回应中获得自己是独一无二的、完美的、最厉害的等良好体验。而忽视、虐待、指责、拒绝和抛弃等都会让孩子产生不好的感觉，即镜映失败。孩子会觉得自己是不好的、不值得被爱的、是无能的等。

镜映在孩子0～6岁时尤为重要，镜映失败，会导致孩子自尊感下降；镜映失败也常常导致孩子成年之后形成自恋型人格。

自恋型人格有两种，一种是自大型，他们常常自以为是，幻想成功，有很多想法和计划，却缺乏行动力。在关系中，特别是在亲密关系和亲子关系中，他们要么理想化他人，要么贬低他人；另一种是自卑型，他们总觉得自己一无是处，常常自我批评、自我厌弃。这两种状态的共同点是都以自我为中心。自大型常常以自我为中心进行思考，而自卑型常常自我归因，从而开始自我攻击。因为镜映失败，他们也发展不出镜映他人的能力。

除了忽视、虐待、指责、拒绝和抛弃孩子，其他比较典型的镜映失败的情况还有：常常给孩子讲道理、说教；经常取笑孩子，比如一个三年级的孩子因为背书背不下来哭了，妈妈却到处和别人当笑话讲，这对于这个三年级的孩子来说，是一件非常糟糕而且极其羞耻的事情。

如何提升看见孩子的能力

大多数的妈妈都能很好地看见和回应孩子，她们做得足够好。但是每个妈妈在养育孩子的过程中都会有自己的盲点，因而无意识中在某个部分看不见孩子，也就无法镜映孩子、让孩子产生好的感觉。这个盲点常常和妈妈不能接纳自己或自我厌弃有关。下面，我们来罗列一些妈妈看不见孩子的部分，并分享相应的理解。从理解问题到找出原因，是自我改变最重要的部分之一。

有的妈妈能很好地回应和赞赏孩子，她们常常能看见孩子的闪光点，但无法接受孩子哭泣。因为她们觉得哭泣是脆弱的表现，有的妈妈自己就不接受哭泣，特别是在别人面前哭泣；有的妈妈小时候哭泣时，外婆也非常不耐烦或者毫无反应，这样的经历会让妈妈觉得哭泣是非常糟糕的事情，因此压抑并且厌恶哭泣。所以，妈妈需要了解：哭泣是一种情绪，没有好坏之分，就如同悲伤不等于脆弱，恨不等于不爱一样。妈妈应该放弃压抑与厌恶，让自己的情绪情感流动，这样自然就可以很好地看见孩子的情绪、情感了。

有的妈妈不能接受孩子拥有自豪的感觉，当孩子"得意扬扬"时，妈妈总是要打压他，原因是妈妈觉得自我表现或自我感觉良好是不正确的，孩子应该谦卑或内敛。但实际上，孩子好的感觉需要父母的确认。试想，作为父母的我们，也希望在工作中被领导认可，因为这样的感觉是很美好的。所以，在心理学领域，我们反而推崇"骄傲使人进步"。我常常和我的来访者探讨，如何能让他们放松一些、自信一些。如果这样的妈妈能很自信地分享自己的成就，就也是一种进步。

有些鼓励孩子独立的妈妈对于孩子依恋自己的部分常常过于严苛，因为她们觉得依恋他人是可怕的、不安全的，所以她们觉得孩子对自己的依恋是脆弱的表现，是可怕的。这样的妈妈常常对孩子的需要有很多限制，对孩子的情绪情感无动于衷。比如，不给孩子买玩具，说一不二，她们的说法是怕惯坏孩子。而深层原因是，这样的妈妈（当然也包括爸爸）的父母是不可靠、不安全以及不可依恋的，他们的成长经验让他们在意识层面和无意识层面都觉得依恋他人是危险的、靠不住的，也是让人羞耻的。

因为早年创伤，有的妈妈对躯体和情绪情感的感受能力受到了抑制，或者她们根本就没有发展出这些能力，她们难以"看见"孩子的情绪、情感和渴望，因此也就无法"看见"孩子、镜映孩子内在好的感觉。她们很难共情孩子的感受，因此只会和孩子说事情做得对不对或应不应该。如果你发现自己属于这一类型的妈妈，建议你把"觉察"放在首位，即聚焦于找到对身体和心理的感觉，并命名它、体验它，直到你不再那么压抑和隔离。通过这样的方法得到自我成长后，你将更容易真正"看见"你的孩子，而不是通过大脑的分析推断孩子的感觉。

有的妈妈无法接纳孩子的身份，比如在重男轻女的文化氛围下，她们不接纳女儿。因此内心会排斥孩子，不愿意了解孩子的渴望和需要，更不愿意镜映"你是好的""你是有价值的"或"你是值得被爱的"这样好的感觉给孩子。原因是妈妈不接纳自己的女性身份，觉得女性身份是不好的，因此也无法镜映孩子。这样的情况具有一定的普遍性。因为很多女性心中都有性别情结，即意识或潜意识渴望生男孩，只是有些妈妈表现得明显，而有些妈妈表现得很隐晦而已。

也有些情况是，有的妈妈小时候遭受过哥哥的虐待，之后如果生的是儿子，就会难以接受儿子，因为她们会把对哥哥的恨投射到儿子身上。还有很多过于为弟弟付出的女性，这些女性都会在自我性别身份方面有认同困境。

因此，让这些妈妈接纳自己的女性身份，是解决这个问题的核心。

事实上，这些妈妈自我厌弃或不接纳的部分，常常来自家庭文化和父母的价值观，这些文化与价值观被她们内化为自我的一个部分。于是，在养育里，她们无法接纳孩子身上的这些特质。想改变这个部分，我建议妈妈们有意识地罗列自我厌弃、自我不接纳和自我限定的内容，之后有意识地接纳这些内容。只有这样，她们才能更好地接纳和看见她们的孩子。

最后，孩子和妈妈是相互依存的关系，这意味着妈妈影响孩子的同时，孩子也在影响妈妈。于是，关系在互为主体的空间里被塑造。如果妈妈是足够好的妈妈，孩子也会比较温顺、亲和、讨人喜欢，关系就比较和谐。而妈妈本身是无法让孩子放心依恋的妈妈，孩子也更容易出现各种难缠的问题，比如冲动、攻击、拖延等，这常常会让妈妈陷入崩溃和失控，并进一步惩罚或忽视孩子，导致恶性循环。

透过孩子，看见自己

透过孩子，我们总能照见自己，孩子就像自己的一面镜子，我们常常能在孩子身上发现自己具备的部分。有些部分我们很喜欢，而有些部分我们不喜欢，这些不喜欢的部分常常成为我们打压的对象。但就如同上文所说，那些没有在孩子身上看见的部分，在自己身上也无法被看见。

想做一个能看见孩子的、足够好的妈妈，首先要能看见自己的情感、渴望和需要，看见自我限定和自我厌弃的部分，接纳它们、表达它们。对自己越接纳，你能看见孩子的部分就越多；当你能全然接纳自己的好时，也就能去镜映孩子的好了。

"爱他，就如他所是，而非如你所愿。"

通过身体，看见孩子

无论大孩子还是小孩子，和孩子共同舞动是一个非常好的方式。舞动不用讲究舞姿是否优美或者标准，只要让自己的身体跟随音乐尽量伸展，同时，自然地回应孩子所有的动作即可，孩子也会回应大人的动作，这个过程就是一个联结和镜映的过程。无论你和孩子的关系如何，或者孩子之前经历了什么困难，一周 2 ~ 3 次的舞动，每次 15 ~ 20 分钟，这样可以很好地修复你和孩子的关系。对于有二胎的妈妈，和两个孩子共同舞动，可以很好地缓解两个孩子之间的冲突，把孩子之间的竞争变成合作和快乐的体验。

身体是最原始的自我，对于言语发展还不够成熟的孩子来说，用身体表达自我是一个非常好的方式。和孩子舞动，既是在看见和回应身体，也是在看见和回应心灵与情感。

第二十二章

涵容：如何容纳和处理孩子的负性情绪及冲动行为

孩子的负性情绪及冲动行为

很多孩子在面临自己无法承受的情绪，比如被批评、忽视和控制时，常常是用行动表达自己的感受，而不是用语言。

比如，2～4岁的孩子，口头语是"不要""我自己来"。妈妈们会发现，孩子常常坚持不合理的自我主张，如果你不顺着他，他就可能尖叫或大哭。有的孩子在商场看到自己喜欢的玩具或想吃的零食时，就要马上买，你不满足他，他就哭闹，甚至躺在地板上耍赖。这常常让妈妈感觉很丢脸，甚至恼羞成怒。

还有让妈妈们很头疼的是小学低年级孩子的拖延症。比如上学时，孩子起床和洗漱都很拖延，眼看就要迟到了，孩子还拖拖拉拉，母亲不生气好像就搞不定孩子。再有让妈妈们暴跳如雷的就是写作业拖延，孩子总是一会儿玩玩橡皮，发发呆，一会儿上个厕所，挠挠头，该睡觉了，才发现作业还没完成。

以上列举的现象只是妈妈们面对孩子情绪困境的冰山一角。这些情绪和行为的背后，常常隐含着一系列深层的心理动力。

如何理解孩子的负性情绪及冲动行为

孩子常常用哭闹、对抗甚至打人的方式表达愤怒，一方面，这是因为他们的大脑和心智还没有发育健全。

当孩子感到被忽视、被限制、被责备和不被满足时，就会表达负性情绪，主要表现为哭闹、尖叫、对抗、打人等。这是因为他们的大脑和心智的发育程度还不足以支撑他们"有话好好说"，他们的认知能力、自我控制能力和言语表达能力等都不够好。而在心智上，孩子还处于以自我为中心的阶段，很难换位思考。

因此，孩子说不出来，甚至也识别不了内心的痛苦、愤怒、委屈和难过，他们只能用情绪和行为表达。认识到这一点很重要，因为我们常常忽视孩子还是孩子，就像当我们还小的时候，父母忽视我们一样。

另一方面，孩子很多带有攻击性的情绪表达是成长的助力，也是促进成长的积极要素。也许，你会感觉这个观点匪夷所思，因为无论我们自己还是别人都会觉得乖孩子更好。但是，乖孩子实际上是攻击性被压抑、无法表达自我的孩子。攻击性是生命力的驱动力，攻击性的表达也意味着自我主张的表达。细想一下，我们自己都还在自我成长，渴望成为真正的自己，因此，我们也应该让孩子做自己。

所以，我们需要对孩子的负性情绪及冲动行为重新进行定义。孩子的攻击性通常意味着他们在表达自我主张、坚持自己、发展自我人格的独立性、设定自我的疆界。所以，尊重孩子的情绪表达有利于孩子的人格发展。

有一位妈妈向我抱怨：在她训斥了孩子写作业拖延的行为之后，孩子就一直和她对抗，写作业时更加磨磨蹭蹭，这让她怒火中烧。我换一个理解角度对这位妈妈说："我觉得你的孩子内在是有力量的，你责备他，他感觉很愤怒，但他敢于表达自己，敢于对抗你。他敢于这样表达，说明在你和他的关系里，他的感觉是安全的。"

这样积极的理解会让我们更加接纳孩子的情绪。自我的确立是在对抗父母的过程里渐渐实现的。制定规矩是用来做什么的呢？心理学的一个理解是，制定的规矩是用来打破的。因为打破规矩意味着挑战权威，意味着攻击性的表达和生命能量的流动。我们都不希望自己的孩子长大之后对领导战战兢兢，不希望自己的孩子面对外界的任何规则都不敢说"不"。因此，孩子打破规则的行为是有积极意义的。

当我们从积极的方向理解孩子无法接纳的情绪和行为时，我们就能更好地爱孩子，也能更好地包容孩子的情绪和行为。这对于孩子的发展具有极大的促进作用。

孩子的负性情绪及冲动行为的深层原因

我们会发现，有的孩子在表达攻击性时力度比较适中，属于正常的表达范围。而有些孩子攻击性极强，甚至难以安抚，常常让妈妈们因感觉崩溃而对孩子发怒，之后又因发怒而内疚。

如果孩子攻击性极强、情绪失控难以安抚，或者常常哭闹不止，那么深层的原因可能是：其一，妈妈对情绪的涵容功能不足，导致孩子情绪调节能力不足；其二，不安全依恋导致孩子表现出愤怒和攻击性，并且影响到孩子的情绪调节能力。

长期的忽视、抛弃、拒绝和虐待会导致不安全依恋，而不安全依恋会让孩子处在应激的压力情景里。在孩子大脑和心智发育还不健全的情况下，孩子只能通过表现愤怒和攻击性让自己被父母看见、理解和回应。如果父母不能理解孩子，就会对孩子感到不耐烦或愤怒，觉得孩子不懂事，甚至惩罚孩子。这就容易形成一种恶性循环，即孩子更加不会表达自己，也更加没有能力调节自己的情绪。

比如，当妈妈生二胎时，大宝就常常因为小宝的出生变得更具攻击性，也更加黏人。有时候，大宝甚至会退回更小年龄的孩子的位置上。这是因为大宝感到自己正在失去一部分或几乎全部的妈妈的爱,可能还会面临分离或被忽视,这就容易使大宝形成不安全依恋。这些丧失带来的痛苦让大宝难以承受,所以他会通过行动表达自己的痛苦,比如哭闹、对抗和打人等。

如何发展母性的涵容功能

情绪调节的能力是指当一个人感觉愤怒、恐惧、羞耻或内疚的时候,他拥有一种内在自我调节的能力,即内心可以容纳这些感觉,并对这些感觉加以思考、理解和消化,最后转化为一种更加温和的情绪。心理学家比昂称这样的能力为母性的"涵容",它是妈妈养育孩子的一个重要功能。

涵容是一个过程。比如,当孩子发脾气的时候,妈妈可以容纳孩子的愤怒和攻击性,然后在内心对这些情绪进行思考和理解,并在转化为孩子可以接受的情绪之后传达给孩子。这样的过程也是孩子被妈妈"看见"的过程。当孩子感觉被看见,情绪就会平静下来。反复之后,孩子就会内化妈妈涵容的功能,他自己也能消化和转化负性情绪。如果妈妈没有涵容功能,孩子也就无法发展这个部分,这会导致孩子情绪调节能力低下,遇到挫折就乱发脾气,难以安抚。

食物好比孩子的情绪,没有涵容功能就好比消化不良,会让人胃痛、胃胀甚至便秘;同理,妈妈无法消化和加工孩子的情绪,孩子就会被自己的情绪淹没，变得歇斯底里或者崩溃。

那些无法涵容孩子情绪的妈妈，可能在早年的成长中她们自己的情绪没有被看见、被涵容。因此，涵容功能具有代际传递性，妈妈缺失涵容功能，常常是因为代际创伤，即妈妈自己的情绪在早年没有被很好地涵容。

比如，刚刚上幼儿园的孩子会有很强烈的分离焦虑，因此常常哭闹着不去幼儿园。妈妈对孩子的涵容就是接纳孩子的哭闹，并思考孩子哭闹的原因，理解孩子因与妈妈分开而感到害怕和焦虑是很正常的。

妈妈在接纳、思考和理解之后，可以和孩子说："妈妈知道你不想上幼儿园，不想和妈妈分开，妈妈知道你会想妈妈，会难过，妈妈也会想你。妈妈会早早来接你……"当然，这样的话可能需要反复说。慢慢地，孩子的情绪就会稳定下来。

如果妈妈不能涵容孩子的情绪，孩子会更加焦虑和害怕，并形成一种恶性循环。有的孩子会闹得更厉害，而有的孩子则会隔离自己的感受。

再比如，如果孩子感到恐惧，可以通过对恐惧情绪的描述帮助孩子命名这种感觉，并且思考和理解恐惧的来源。之后再用孩子听得懂的语言和孩子交流，这样，孩子对恐惧的感觉就会更清晰，他们会更加了解自己的感受。

我们可以使用如下的命名词汇：

好的感受——兴奋、喜悦、欣喜、甜蜜、感激、感动、乐观、自信、振作、振奋、开心、高兴、快乐、愉快、幸福、陶醉、满足、平静、自在、舒适、放松、轻松、踏实、安全、温暖、放心、鼓舞、欣慰；

不好的感受——着急、害怕、担心、焦虑、忧虑、紧张、忧伤、沮丧、灰心、气馁、失落、泄气、绝望、伤感、凄凉、悲伤、恼怒、愤怒、烦恼、苦恼、生气、厌烦、厌恶、不满、不快、不耐烦、不高兴、震惊、恐惧、恐慌、失望、困惑、茫然、寂寞、孤单、孤独、无聊、郁闷、烦闷、烦躁、伤心、难过、悲观、沉重、痛苦、麻木、尴尬、惭愧、内疚、妒忌、遗憾、不舒服。

我常常感叹，作为母亲真的很不容易，既要管孩子的吃喝拉撒睡，还要承受孩子的攻击性。我想，也只有爱才能让各位母亲这样为孩子付出。

提升妈妈的涵容功能，可以秉持以下原则。

第一，看见并且安抚孩子的情绪，试着用语言描述孩子内心的痛苦和情绪。比如，不让孩子看电视的时候，孩子会哭闹。我们这时可以和孩子说："妈妈知道你因为不能看电视，感到非常难过和愤怒。妈妈和你协商，我们再看几分钟，然后就不看了。"你还可以通过和孩子一起做游戏来转移孩子的注意力。

如果妈妈无法理解孩子的情绪，妈妈可以通过提升自己对情绪、情感的理解能力提升对孩子情绪的理解。比如妈妈需要常常关注和觉察自己的感受及身体的感觉，用以上有关感受的词汇命名，充分体验之后，再反思自己为什么会有这样的感受。这需要长期反复的练习，也是提升妈妈处理情绪的能力的最好方式，即提升涵容的功能。

　　第二，在和孩子沟通的过程中，如果孩子的情绪非常大，可以适当等一等。在态度上，要始终保持不含敌意的坚决。关键在于，在等待的过程，妈妈需要同时处理自己内在的情绪，如果妈妈不带情绪，孩子就会比较快地被安抚。如果妈妈内在压抑了很多的烦躁和愤怒没有消化，孩子是能感知的，这时的安抚效果并不好。

　　第三，就像美国著名教育家贝里·布雷泽尔顿（Berry Brazelton）强调的："我的工作对象既不是孩子，也不是父母，而是他们之间的关系。"所以，我们在和孩子的关系里，应始终保持自我反思，反思的内容是和孩子的关系。

　　我们可以问自己几个问题。

　　（1）孩子为什么闹脾气或者拖延？其中的扳机点是什么？扳机点指的是常常让孩子哭闹或者崩溃的点。

　　（2）孩子的情绪是什么？在表面情绪背后还有其他的情绪吗？比如愤怒的背后是委屈或者恐惧。核心的情绪可以是恐惧、愤怒、委屈、悲伤、羞耻和内疚等。情绪是行为的驱动点，孩子行为的背后一定隐含着多种情绪，有些情绪有时候甚至是互相矛盾的。

（3）我们自己的情绪是什么？我们会有不止一种情绪，比如我们常常对孩子愤怒的同时还有内疚。找到情绪之后问自己：在过往成长的记忆里我们熟悉这些情绪吗？这些情绪都是由什么触发的呢？我们在愤怒什么？悲伤什么？又为什么会感到羞耻呢？

问自己这些问题，有助于人们思考、理解和促进与孩子的关系，以及关系的核心部分，即情绪情感。

最后，有一点需要强调：如果孩子总是情绪失控或有冲动行为，也可能是生理、心理的原因。必要的话，妈妈们可以带孩子去医院检查。比如，患多动症的孩子就很容易冲动，很难集中注意力。有些患抑郁症的孩子也容易情绪失控，等等。

透过游戏，看见孩子

游戏提供了一个过渡性空间。内在的心灵、潜意识的冲突、无法涵容的情绪都会在游戏里呈现。透过游戏，我们可以非常好地容纳和加工情绪。

对于攻击性强的孩子，爸爸、妈妈和孩子可以共同设计一些具有攻击性的游戏，比如玩水枪、枕头大战游戏，还可以买一些孩子喜欢的玩偶，然后和孩子一起游戏。攻击性的游戏的核心要点在于孩子可以按他自己的意思表达，但要规定不可以直接攻击身体，我们不能让孩子伤到我们的身体。游戏必须有规则，而规则是父母和孩子一起讨论制定的，这个过程需要发挥父母和孩子的创造性，这样，规则最后会内化成一种孩子内在的自我控制能力。如果孩子攻击到父母的身体，父母要用语言表达，比如"这样妈妈（爸爸）是会痛的"。

对于情绪有困难的孩子，父母可以和孩子玩角色扮演的游戏。比如孩子扮演父母、老师或者动画片里的某个人物，而父母扮演孩子、学生等。让孩子成为游戏的创造者，这对于孩子的控制能力以及修复自信非常有帮助。

在游戏中注入联结非常重要，我们需要感应到孩子的反应。同时，不管在游戏中看起来多么具有攻击性，只要我们能稳稳地容纳这种攻击性，一方面，孩子在和父母建立联结的安全氛围里就能释放完攻击性；另一方面，孩子也学会了控制自己的攻击性。

不用过于思考和在意游戏的内容，游戏的重点是跟随孩子展开游戏，也不用担心孩子在游戏中表达的内容是否合适，只要是孩子自己发展出来的游戏，对孩子的内心世界就都是有意义的，都是孩子自发的表达。游戏的核心是父母要不断和孩子共同拓展游戏的内容及情境，这也是一个协助孩子发展创造性的过程。

第二十三章

心智化：心智水平高的妈妈会让孩子拥有高情商

孩子的情商和妈妈的心智化

高情商是一个人建立好的人际和亲密关系的基础，是幸福和成功的基石。作为妈妈，我们都希望孩子拥有高情商，那么，如何拥有呢？事实上，在拥有安全依恋的基础上，孩子情商高不高取决于妈妈是否具备心智化的能力。

通俗理解心智化就是将心比心、换位思考的能力。这是一种心理的智力，即关注自我和他人的心理状态，并理解、推断背后原因的能力。心理状态包括一个人的情绪、情感、欲望、思维和信念等。

举个例子，在弟弟出生之后，我的大女儿有了很多婴儿式的需求，比如寻求父母更多的关注、要求吃米糊、把弟弟的睡袍当旗袍等。

如何理解女儿的行为呢？

事实上，因为弟弟的出生，女儿感到我对她的爱被分走了，这对她而言是一种丧失。于是，她用了一种更加依恋我的方式，即退到更小孩子的状态，想以此获得我的关注和疼爱。理解这个过程的能力就是心智化。心智化让我理解我的女儿，而不是责备她发脾气，责备她把弟弟睡袍撑破了。

同胞竞争的情况在有二胎、三胎的家庭比较普遍。妈妈的心智化能力对于化解同胞竞争带来的伤害举足轻重。

妈妈心智受损导致孩子情商低

如果妈妈心智受损，那么孩子理解自己和他人的能力也会受到影响，即情商低。心智受损的妈妈有什么特点呢？比如，她们常常不能理解自己为什么会得罪别人，也不明白他人为什么生气，或者总是后知后觉。

在养育孩子的过程中，有些妈妈很爱孩子，也积极地关注孩子，但总关注不到问题的关键。比如，我们可能觉察不到孩子和我们分享她的事情的初衷和渴望，而是在关注其他事情，这常常让孩子感到失望，从而放弃和我们沟通。

我记得有个来访者说，在她 4 岁搬家的时候，妈妈当着她的面把她最喜欢的玩具送给了亲戚。她当时哭得歇斯底里，但是她的妈妈觉得那只是玩具。事实上，这个玩具对还是孩子的她来说，其实是"过渡性客体"，即在心理上，玩具可以代替妈妈，帮助她度过和妈妈分离的困境，是其成长过程中非常重要的物件。

就像我女儿有一个小毯子，她一直抱着睡到读小学的年纪，外出旅游时也要带着。这个小毯子象征着我一直陪伴着她，这是她可以控制的、可以带给她温暖和安全感的物件。所以，那位妈妈把玩具送人的做法是对孩子的一次情感剥夺。

如果在养育的过程里这样的情况常常发生，那么，孩子的心智发展就容易受阻，这会导致孩子情商低下。这是因为，孩子是透过妈妈而看见自己的。孩子要能理解他人，必须先被理解。因为，心智化依赖于被心智化，也就是依赖于其照顾者的心智化。就像一个人在镜子中照见自己后才知道自己长什么样。比如，之前提到的镜映和涵容的母性功能，都是以心智化为基础运用的。而心智受损的妈妈对孩子的负性情绪更敏感，她们会被自己的情绪淹没，因而无法理解和思考孩子的情绪，也就是无法心智化，这就影响了妈妈镜映和涵容孩子的功能。

举个例子，晓斌（化名）是两个孩子的妈妈，老大是女儿（6岁），老二是儿子（3岁）。儿子出生之后，大家都比较关注儿子，忽视了女儿。之后，女儿和妈妈的关系从安全依恋变成不安全依恋，这种变化主要表现为常常发脾气、哭闹，然后等待妈妈安抚，但是又难以安抚。

晓斌因为无法涵容女儿的情绪前来咨询。她发现，只要女儿一有情绪，她就会感到愤怒和崩溃，心里有一个声音：又来了，又来了。她有时想推开女儿，女儿越闹，晓斌越不想理她，甚至有时候就让自己保持沉默，完全不回应女儿。这导致了恶性循环，女儿的脾气也越来越大。

晓斌感到了女儿的情绪，但自己被由这件事引发的情绪淹没和驱动，无法思考女儿为什么发脾气、闹情绪。事实上，孩子的情绪通常是有来由的。孩子的心理状态常常无法言语化，他们更多时候通过行为表达自己的情绪，比如哭闹、发脾气等。所以，妈妈需要透过孩子的行为理解孩子的情绪以及情绪背后的原因，这就是心智化的过程，这个过程很考验妈妈的心智水平。

如果孩子长期无法被理解，其心智就会受损，长大之后可能难以理解自己和他人的心理状态。要想提高孩子的情商，作为妈妈的我们需要先提升自己的心智化水平。

如何提升父母的心智化能力

提升心智化能力，应主要聚焦于以下 3 个方面。

1. 提升自我觉察

自我觉察是心智化的核心，提升自我觉察的关键点在于自己。自我觉察即觉察自己的心理状态，比如身心感受、渴望、欲望、期待、信念等。我们常常受潜意识的影响，按惯性的模式认知、理解和反应事物。这是因为我们总被潜意识驱动着思考、感受和行动，而潜意识是由过去的经验决定的，这在很大程度上限制了我们，也影响了我们对现实的感知和反应。

比如，一个在忽视背景下长大的女孩很容易在人群里感觉被孤立。她感到自己被他人忽视，但是她可能不知道，自己之所以被忽视，也许是因为她无法发出联结的信号，所以他人不知道如何与她产生联结，这是一个强迫性重复。提升自我觉察的一个办法就是让自己发展出一个观察性自我，一个可以在内部和自己对话的自我。这个女孩也许可以在感觉自己被忽视的时候让自己的思维有意识地停下来，然后去思考和理解这种强迫性重复，并鼓励自己和他人建立联结，看看会发生什么。成长和改变总是在真实的关系里发生的。

这个过程也培养了多视角的自我意识，这可以让我们从多个角度理解和看待问题，让我们不被过去限定、被潜意识控制。

再比如，当晓斌因女儿的哭闹怒火中烧的时候，她可以有意识地和自己对话，这就是自我觉察在发挥作用。遇到这种情况时，如果条件允许，我们可以找个安静的空间待着，如果不允许，那就先想办法让自己冷静下来，比如喝一杯冷水，之后再觉察和反思发生了什么。这样，我们通过自我觉察在不可忍受的情绪中"按下暂停键"，这是很重要的部分，它让我们不会被自己的情绪控制。

2. 提高共情能力

共情是心智化的基石，共情关注的焦点在他人。关系总是包含自己和他人，所以，要想经营好亲子关系和亲密关系，我们需要关注他人。

共情需要你明确地把对方当成独立的个体，这意味着容纳差异性。如果不能把对方当成独立的个体（包括把婴儿当成独立的个体），那么很多改善关系的方法都是无效的。

共情让你可以通过自己看见别人，即你可以通过觉察自己的感受去理解他人的感受。比如，当你感到愤怒的时候，常常对方也处在愤怒的状态里。在精神动力学的心理咨询中，咨询师就是通过自己的感受来理解来访者的感受的，而不是通过大脑推论来访者的感受。共情意味着感同身受，共情的能力意味着感同身受的能力。

在所有的关系中，你都可以通过问自己以下问题提升共情能力。

（1）当你那么说了或做了之后，她会产生怎样的感受？

（2）表面感受背后的深层感受是什么？为什么会有这样的感受？比如，当你愤怒的时候，你可以问自己你还感受到了什么？是羞耻吗？为什么羞耻呢？

3. 行动之前进行思考

你应该在行动之前进行思考，即心智化。当我们无法容纳焦虑、愤怒或羞耻的情绪时，我们常常通过行动缓解情绪。比如，在很生气的时候打孩子、威胁孩子，事后又后悔；在和丈夫争吵的时候提离婚，实际上并不是真的想离婚，等等。这种用行动化取代心智化的行为，使我们在关系中容易伤害彼此，也会导致强迫性重复。因此，在行动之前，可以问问自己：除此之外，还有别的方式吗？觉察和思考之后再行动，这永远比直接行动更成熟。

我们越想即刻行动，就越需要让自己耐得住，让自己等等看。也许在这个等待的过程里，我们的感受、想法和决定都会发生变化。

透过故事，看见孩子

除了和孩子玩耍，另一个提高孩子心智水平的好办法是给孩子讲故事。妈妈们可以在讲完故事之后，和孩子就一到两个议题进行讨论。父母需要创造一个自由的空间，在这个空间里没有评判和定义。讨论可以围绕下列问题展开。

（1）描述故事讲述的是什么。

（2）故事涉及的情绪情感有哪些？

（3）孩子自己有什么想法和想象？

（4）如果故事可以更改，孩子会如何创造新的故事或者结局？

对于不同年龄段的孩子，家长可以根据孩子自身的情况选择不同主题的绘本。绘本故事里的很多隐喻都可以被孩子理解和吸收。

第二十四章

游戏：和孩子这样玩耍，让孩子具有创造性

孩子需要"玩耍的童年"

我们的童年可能是在照顾弟弟妹妹和做家务中度过的，或是在父母对学业的严格要求下的刻苦学习中度过的，当然，偶尔还有父母的忽视或批评、指责等，这些都让我们失去了"快乐的童年"。

如今，为了让自己的孩子有一个更美好的未来，上一所好大学，我们花了大量的时间和金钱关注孩子的学习，给孩子报很多课外兴趣班，希望孩子掌握更多的技能，从而能更自信。在这场"不能输在起跑线上"的竞争中，作为父母的我们承受了很大的焦虑和压力，而同时，孩子自由玩耍的时间也被剥夺。

我们可能需要反思：这样做真的能达到我们的教育目的吗？

精神分析对于母婴关系和人格形成过程的研究让我坚信这样一个观点：孩子需要"玩耍的童年"。奥地利心理学家梅兰妮·克莱因

（Melanie Klein）和安娜·弗洛伊德（Anna Floyd）等最早把游戏运用于临床咨询，游戏也成为现在的心理学工作者对幼儿和儿童进行咨询的主要方法，这种方法被称为"游戏治疗"。因为，和孩子玩耍在我们与孩子的内在世界之间建立了一座沟通的桥梁。

事实上，玩耍的空间是成人和孩子的内在世界以及情绪、情感距离最近的空间。

自由自在地玩耍的好处

早在 1961 年，"国际游乐协会"在丹麦成立，该协会旨在保护儿童自由玩耍的权利，并向全社会宣传自由玩耍的重要性，之后其理念在全球得到发展，自由玩耍渐渐被更多的人重视。自由自在地玩耍对孩子具有重要意义。

1. 自由玩耍是父母和孩子建立情感联结的重要方式

高质量的陪伴是养育中非常重要的点，而和孩子自由自在地玩耍是高质量陪伴的一种表现形式。

因为孩子的大脑、认知水平和心智发育还在进行中，他们并不能很好地理解和加工现实。而游戏提供了一个空间，它让孩子可以尽情幻想和假设，游戏也在孩子内在世界和现实世界之间建立了一个过渡空间。在这个空间中，孩子可以表达自己的渴望、情绪与幻想，而妈妈也可以借此机会体验孩子所表现的渴望、情绪与幻想。

这样的相聚就是最高质量的陪伴。

比如，1～5岁左右的孩子喜欢玩"躲猫猫"的游戏。在孩子的内在世界里，自己消失了，然后被妈妈找到了；或妈妈消失了，他找到了妈妈。这样的游戏过程让孩子学着处理妈妈的消失或与妈妈的分离。孩子们在这个过程里找到了掌控感和力量感。

再比如，最近我每天都和4岁多的儿子玩"火车游戏"。对于男孩而言，竞争性和攻击性常常是游戏的主题。在这个过程里，他还会设计火车脱轨的游戏情节，而我或他是修理火车的工程师。这个过程也是孩子内心关于毁灭和重建的向外投射，孩子常常重复这样的过程，以此建构内在世界。

游戏常常具有神奇的效果，和孩子自由玩耍不仅能修复亲子关系的裂痕，还能平息孩子难以承受的各种情绪，比如焦虑、恐惧和愤怒等。

比如，在我女儿4岁左右的时候，我的爸爸为了让她乖一些，常常用"小偷"吓唬她。虽然我知道之后，制止了我爸爸这样的行为，但到了晚上，女儿还是非常害怕有小偷进房间把她偷走。我和她讲了许多道理，但是都没有效果。于是，我决定和她玩一个"小偷"的游戏。游戏内容是我在与她沟通的过程中，由她设计的。具体内容是：她假装自己在睡觉的时候被小偷偷走，然后很害怕，而我是那个小偷，之后她趁我不注意跑回家了。她前后被这样"偷了"20多次游戏才结束。通过游戏，她知道自己就算被偷走，也还有能力逃脱。她找到了一种安全感和力量感，因此，她不再怕小偷。游戏的整个过程其实也是她疗愈自我的过程。

2. 自由玩耍是创造力的源泉

温尼科特等众多心理学家都提出，创造力是孩子在自由自在地玩耍中得到的。同时，父母和孩子安全的情感联结是孩子创造性萌芽和发展的摇篮，也是孩子自由玩耍的前提。

事实上，玩耍是儿童的一种学习方式。孩子常常会在和同伴或父母的自由玩耍中利用丰富的想象力，不断尝试新的活动和角色，比如女孩扮演医生、老师或公主，躲猫猫、玩过家家；男孩则常常会假装对抗。这些游戏充满了创造性和可能性，孩子通过这些玩耍，学会分享、拒绝、妥协和协商。这个过程既让孩子自发创造了游戏，也培养了孩子创造性地解决问题的能力。

如何提升和孩子玩耍的能力

孩子自由玩耍的能力取决于我们鼓励和陪伴他们玩耍的能力，我们需要先改变自己的观念。

1. 改变观念

给予孩子更多玩耍的时间和陪伴孩子玩耍常常会引发我们的焦虑。一方面，我们觉得孩子还有很多课业需要完成，很多书籍需要阅读，周围的妈妈都在让孩子学习各种技能，这些现实因素会让我们对孩子的玩耍感到焦虑。另一方面，我们作为中年人，也常常感到无形的压力和身心疲惫，这常常让我们无力和孩子玩耍。

当我们知道玩耍的重要性时，也许我们可以做一些和孩子玩耍的计划。比如，我的计划是每天预留固定的 40 分钟用来和孩子自由玩耍。妈妈们可以根据自己的情况制订具体的玩耍计划。对于有二胎的妈妈而言，这样的时刻更加重要。自由玩耍可以让孩子很好地处理同胞竞争的问题。

2. 找回你内在快乐的小孩

对于我们而言，和孩子玩耍在很多时候并不是一件容易的事情，因为我们可能已经失去了玩耍的能力。压力、责任和工作常常让我们疲惫不堪，而烦琐的家务也让我们筋疲力尽。即使空闲下来，我们也只想让自己拥有私人时光，好给自己"充电"。这时候如果还要陪孩子玩耍，我们可能会感到极不耐烦。我自己常常需要在哄孩子入睡之后，再独处 1 ~ 2 小时。感觉只有这样自己才能真正放松下来。如果我们保有童心，那么和孩子玩耍也不是一件让人心烦的事情。因为玩耍可以为我们减压，关键是我们需要找到"内在小孩快乐的感觉"。无论我们是否拥有快乐的童年，我们都可以创造一个快乐的时刻。不要被过去的经历限定，请你让自己内在渴望快乐的小孩发声。也许你会发现，放下过去和现实的烦恼，关注当下，你会在和孩子玩耍的过程中找到共鸣，获得一种愉快、喜悦和温暖的感觉。

你也可以试着回忆自己童年的快乐时光，将那段时光留在你的心中。

我常常会想起我的童年，童年那些让我记忆深刻的事情，基本都是我和弟弟、表姐做的一些"无厘头"的事情。因为生长在乡下，所以我总是充满冒险精神。我发现，这些经历越来越成为我宝贵的记忆，这些美好的时光，可以让我和孩子在玩耍的时候产生联结。

3. "自由"很重要

很多游戏有完善的规则，比如足球和篮球等，这样的游戏和自由玩耍是极为不同的。有规则的游戏当然非常棒，但是，自由玩耍是由孩子自发设定规则且自由变动的，极具创造性。所以，父母在和孩子做游戏的过程中，不要控制孩子"玩耍"，不然就失去了"自由"的意义。

我们要理解玩耍的意义，发展与孩子玩耍的能力。我相信每一个妈妈都有自己独特的创造力，而和孩子共同设计游戏这个过程本身就极具创造性，也是最珍贵的部分。具体的游戏方案可以参考《游戏力》系列书籍。

愿我们都能找到内在快乐的小孩，给孩子一个自由自在的玩耍空间，让孩子成为孩子，拥有快乐的童年。

透过探索，看见孩子

探索是孩子的天性。因此，给孩子提供一个安全的探索空间，是让孩子自由玩耍、培养孩子创造性的基础。

从出生几个月开始伸手抓玩具，到牙牙学语，再到蹒跚学步，孩子一直在探索这个世界，而探索让创造成为可能。鼓励孩子的好奇心和探索的欲望，减少不必要的限制，可以让孩子更具创造性。许多的活动和游戏里都隐含了孩子探索的精神，比如积木、乐高、绘画、舞蹈以及音乐等，但是，游戏或者兴趣一旦被父母强加一种要求、一种标准，那就失去了探索的意义，孩子对探索的兴趣就变成了竞争的压力，这种兴趣就会失去生命力。在这种外力的约束下，孩子是不会有创造性的。

第二十五章

信任：通过信任，发展孩子的自主性和能动性

信任是一种能力

有一次，我的一位女性朋友问我，为什么她上一年级的儿子早上上学时总是非常磨蹭，从起床到穿衣，从洗漱到吃早餐。她常常因为赶时间不断地催促孩子，这让她非常焦虑和烦躁。而这种情况从孩子上幼儿园时就开始了。

还有的妈妈向我诉说陪孩子写作业的痛苦，孩子的拖延和走神让人难以忍受。孩子到了睡觉的时间，而作业还有一大半没有完成。

孩子为什么如此拖延，为什么不能拥有自主性和能动性，主动规划好时间、安排好事情呢？原因是，孩子的自主性被剥夺了。有时候，妈妈们难以接受这一现实。因为每个妈妈都为孩子付出了很多，结果这种付出被证明是错的。然而，事实确实如此。

孩子的自主性被剥夺，是因为妈妈无法在内心信任孩子。而信任孩子是妈妈的一种必备能力。

自主性是一个人能按自己的意愿努力和行动的一种内驱力。我们常常深有体会的"拖延症"就是人失去内驱力时的状态。自主性强的人最明显的特质就是积极、主动地计划和行动。而自主性是孩子在婴幼儿时期和儿童时期和父母的互动中获得持续的信任性支持的结果。

探索是人的本能，也是推动人进化的一个非常重要的因素。我们也总能从孩子身上发现这一点：从翻身、爬行和站立，从蹒跚学步到自己吃饭穿衣，等等，孩子对任何事都充满了好奇。每实现一个小小的进步，孩子都无比喜悦。孩子的自主性就是在这个过程中因得到父母的支持、鼓励和赞赏而发展的。

比如，当孩子刚刚学走路的时候，我们会站在孩子对面远一点的地方伸出双手，在孩子快要摔倒的时候扶住他；当孩子会走之后，我们会试着让孩子自己走，不再随时扶他；而当孩子摔倒的时候，我们会关注、关心和鼓励他。这样的过程充满了信任性的支持。虽然我们知道孩子会摔倒，但还是相信孩子可以学会走路。

不过，我们并不是对所有的事情都充满信任感。比如，当孩子要自己吃饭的时候，我们担心他们吃得到处都是；当孩子要自己穿鞋的时候，我们觉得孩子动作太慢；当孩子要上学的时候，我们比孩子还焦虑；我们怕孩子摔了、疼了、受伤了，因此，总是小心翼翼……我们打消这些忧虑最简单的方式，就是帮孩子做他们应该自己学习和探索的事情。

因此，有时候我们剥夺了孩子自己尝试、做决定的机会，剥夺了孩子体验成功和失败的机会。久而久之，孩子的自我功能就被妈妈取代了。孩子会越来越依赖妈妈，依赖的背后，是感到自己什么也做不好，这时，一种低自尊就此滋长。结果是孩子对自己要做的事情越来越没有兴趣，因为在他们的潜意识里，那些都是妈妈要做的事情。而没有兴趣的表现是拖延，深层原因是对抗。

孩子的自我功能无法充分地发展，孩子的自主性就会受损，孩子就会感到失去自我，这是让人非常恐惧的事情。举个例子，如果你的领导会把任何事情都交代好、安排好，你只需要按照他的指令行动就可以了，你会有什么样的感觉呢？我对这样的工作没有任何兴趣和动力，我感觉这样的工作没有意义，因为事情做好、做坏都是领导的事情。而我们和孩子的关系也如此。

所以，为了确保自我的独立性，孩子必须要对抗。你越叫他快点洗漱，快点写作业，他就越慢；你越急，他就越拖。

妈妈为什么会丧失对孩子的信任

作为妈妈，为什么我们会对孩子有那么多的焦虑，而不能像孩子学走路时一样信任、支持和鼓励他们呢？原因是，妈妈把自我不能接受的部分投射给了孩子，认为孩子笨、做不好事情等，这也导致孩子在接受了妈妈的投射之后，觉得自己很糟糕。事实上，爸爸也常常这样做。

比如，我4岁多的儿子在近一年的时间里，说得最多的一句话就是"我自己来"。他要自己吃饭、穿鞋、洗手等。

在这个过程中，我丈夫就比较焦虑。他有完美主义倾向，总是觉得孩子太慢或做不好。虽然他没有用语言表达，但他用行动表达了，即自己动手帮孩子做。他把自己无法接受的部分，比如做事情拖拖拉拉、只做六七十分的程度等投射给孩子，他认为孩子是故意这么做的。他忘记了孩子还不能做到像他要求的一样又快又好。其实，我们大人常常也做不到。

再比如，有一个爸爸因为正在读初中的儿子玩手机而非常焦虑和崩溃。他发现儿子不能按照约定，只在周末玩1小时的手机。于是，他不仅没收了孩子的手机，还打算在孩子的房间安装监控，因为他担心孩子借同学的手机玩。在父子之间发生了剧烈的争吵之后，孩子离家出走了。这位爸爸非常认真地说，孩子玩手机以后就"废了"，考试退步都是因为手机。

和这位爸爸沟通了之后，我发现这个孩子的学习成绩在班里排前十名，并不像爸爸说的那么不好。事实上，这位爸爸把认为孩子没有自制力和没有自我管理的能力的看法投射给了孩子，也把自己内心对失败的预言投射给了孩子，他非常焦虑。而限制孩子玩手机是为了控制焦虑。如果爸爸收回投射，相信自己的孩子，对孩子的未来充满信心，那么，他也就不会焦虑了。

事实上，孩子的拖延或对抗是自我保护性行为，常常是为了拒绝接受父母糟糕的投射。

如何获得信任孩子的能力

即使你发现自己出现了以上情况，也不用太忧虑之前的养育方式，因为我们可以把焦点放在现在和未来。

想信任孩子，我们需要接纳自我。我们不能信任孩子的重要原因是，我们把自我无法接纳的部分投射给了孩子。因此，我们需要把这种投射收回来。在此之前，我们需要先搞清楚自己投射了什么给孩子。

我们可以透过寻找自我无法接纳的部分确定我们投射了什么。比如，一位成绩非常优秀而焦虑的妈妈给孩子报了非常多的课程，她在意识层面觉得孩子成绩达到中等水平就可以，而在潜意识层面却觉得孩子只有拿第一才算合格。因为她小时候几乎都是年级第一，而成绩是她获得父母认可的唯一方式。她觉得考不了第一就不好，他还把这个观念投射给了自己的孩子。其实，这位妈妈需要接纳自己，即使不是第一或不够完美，她也是很棒的。

当然，我们也可以通过了解孩子无法接纳的部分确定我们投射的内容。比如，试着罗列孩子让我们焦虑或不满意的事件和行为，总结之后再寻找投射的点，然后完成自我接纳。

给孩子支持和鼓励永远都不晚。不再投射之后，我们还需要不断支持和鼓励孩子自我探索、自我规划和自我实现的行为。

当我们试图信任孩子的时候，孩子也许会让我们失望，比如上面那位父亲曾经试图让孩子自己掌握手机的使用，但是孩子没有遵守约定。即使这样，也不必太过焦虑，孩子自我控制能力的发展需要一个过程，孩子食言和突破设定的边界是很正常的事情，我们需要接纳这一点。回顾自己的成长经历，我们又何尝不是在犯错和改正中不断成长的呢？所以，家长要信任、支持和鼓励孩子，接受孩子的不足和错误。

最后补充一点，孩子自主性发展不足还和父母的共生型、控制型和忽视型养育有关。在共生和控制的养育模式里，孩子的自我功能是被剥夺或被控制、利用的，这导致孩子没有自我发展的空间。而忽视孩子自我功能发展的结果是，孩子没有足够的养料，没有父母的鼓励和赞赏来支撑自身的探索行为，无法发展面对挫折时的复原能力。这些都导致孩子的自主性发展受损。

透过语言，看见孩子

发展幼儿和儿童自主性的游戏非常多，在需要共同参与的游戏里，父母要多鼓励和支持孩子，特别要注意少说"不要""不应该""不对"等具有限制性的话语。这些话语看似在指导孩子，实则是在否定孩子。常常被否定的孩子，他们的自主性会受到损伤。因此，把鼓励和赞赏注入游戏是发展孩子自主性的最佳方式。

比如，4岁多的孩子在玩积木，如果这时积木倒塌了，他可能会崩溃大哭。这样的情形在这么大的孩子身上出现是正常的，因为孩子的内在还很脆弱。这个时候不要说："有什么好哭的，倒塌了再搭起来就好了。"而要说："哦，倒塌了，你感觉很生气，是吗？需不需要妈妈帮忙呢？我们可以一起重新搭起来。"通常情况下，孩子都乐意我们参与和帮忙。这个过程的核心是在孩子感到失败的时候，父母能给予情绪上的理解和情感上的支持。

孩子自我的力量感是孩子自主性的基础。我们可以和孩子玩"对抗"游戏来获得这种力量感。首先，设定一个目的区域，我们扮演障碍，让孩子穿过我们，到达目的区域。我们会试着让孩子使出全身的力气，培养他们对身体力量的信任感。在这个过程中，我们一方面要设置对抗，一方面又要鼓励孩子，让孩子在这个游戏里不放弃，并最终取得胜利。在这个过程中，孩子一方面感到挫败和艰难，另一方面感到来自父母的鼓励和支持，这样取得的胜利会给孩子带来极大的满足感，让孩子的自我变得有力量，内在变得有自信，孩子承受挫折的能力也会提升。

我们也可以利用孩子的逆反心理来发展孩子耐受攻击的能力，即把语言的攻击变成一种可以接受的、带有幽默性的攻击。这需要父母发现孩子语言攻击的扳机点。比如，在我女儿 3 岁左右的时候，她外公有时候会说她是"小黑妹"，这时她就会非常崩溃地大哭。后来我和她说，当外公说你是"小黑妹"的时候，你就说他是"糟老头"。她真的这样说了，外公大笑，她也非常开心地笑了。在接纳的环境里，攻击性透过语言的幽默性变得没有什么攻击性了。这么做的意义在于能帮助孩子转化这些负性情绪。

这样的方式让孩子更能应对外界的攻击性，更能将攻击性转化为可以消化的幽默。事实上，用幽默表达攻击性是高级的防御方式。

第二十六章

空间："不完美妈妈"才是好妈妈

"完美妈妈"的伤害

完美妈妈，即过度照顾孩子的妈妈，通俗理解就是"溺爱"孩子的妈妈。这样的妈妈很聪明，能精确地了解并满足孩子的需求。孩子常常不需要思考和表达，就已经获得了满足。对于孩子自己的事情，妈妈永远想得、做得都比孩子全面，久而久之，孩子就不需要为自己的事情思考和负责了。

这样养育孩子的结果就是，孩子过度依赖妈妈，无法为自己的人生负责。就像电视剧《都挺好》里的苏明成，因为苏妈妈的溺爱，他无论在经济上还是在情感上都过于依赖苏妈妈，可以算"啃老族"了，只是"啃"得不算太厉害而已。

我曾经看过一则新闻，内容是一对年轻的夫妻把自己的孩子给卖了，但是事后又后悔，便报案寻找孩子。他们卖孩子的原因是父母不给奶粉钱。事实上，孩子的爷爷、奶奶长期都在给钱，已经没有钱可以给了。而这对年轻的夫妻没有工作，完全靠父母的资助生活，连养育自己的孩子也要依靠父母。这就是典型的"啃老族"了。

"完美妈妈"的爱为什么是有"毒"之爱

但是，作为妈妈，我们有时会很困惑，明明自己那么爱孩子，为什么孩子还会出现各种问题？

原因是："完美妈妈"剥夺了孩子的自我功能，让孩子失去了成长的空间，阻碍了孩子主体的发展。

人格的成熟与稳定有赖于主体的发展。主体的发展是孩子在婴幼儿时期妈妈全心全意地提供爱，随着孩子逐渐长大，妈妈在给孩子足够的自我发展空间的同时，还给予信任、支持、鼓励和赞赏，以此支持孩子走向独立，这也是婴儿从感知自我，从自我还不存在的状态逐步转向自我诞生并独立的过程。孩子的自我越独立，他们的主体感越强，自尊水平就越高，也就越有自信，越有行动力。反之，孩子的主体感虚弱，人就会比较自卑。

在我刚刚参加工作的时候，老家的表哥打电话给我，希望我能为他的一位朋友的电话卡充值 100 元，原因是他的朋友钱包被偷了，手机又停机了。因为钱不多，我没有多想就照做了。

一个月之后，他又打电话给我，希望我再次充值。我当时特意多了解了一下。实际上，是他朋友的女朋友需要充值。但是我知道他的朋友已经成家了。我当时很愤怒，对这个朋友的做法完全无法理解。后来，我了解到，他到处请客、吃饭、帮朋友，而自己又不会赚钱，于是就到处借钱，然后，大多数时候由他的妈妈来收拾"烂摊子"。

从小他妈妈对他有求必应，这导致他形成了自恋型人格，拥有全能而夸大的自体，以此防御他内心极度的自卑。

我之所以把"完美妈妈"加上引号是因为，我觉得"完美妈妈"其实连合格都谈不上，是有问题的妈妈。"完美妈妈"的爱是有"毒"之爱。

"完美妈妈"的爱的背后，其实是无法投射孩子，她们通过爱控制孩子，出现所谓的"完美妈妈"的深层原因是妈妈早年在成长中的创伤。

有些妈妈特别宠爱儿子，而会忽视和嫌弃女儿。比较严重的情况是，常常利用和剥削女儿。比如，让女儿打工赚钱供儿子读书，或女儿结婚要求高额的彩礼，将其用于给儿子盖房子和娶妻，等等。这些做法不仅给女儿带来了创伤，也给儿子带来了深远的消极影响。

最严重的影响就是，孩子会产生分裂的自我：一方面感觉自己很好，充满全能感；另一方面又感觉自己自卑而脆弱。

产生这些影响的原因是，妈妈对孩子也有着分裂的、难以整合的投射。妈妈一方面觉得儿子是宝贝，对他有高期待，毫无底线和边界地包揽儿子所有的事情，儿子在家享有特权。比如，让女儿事事迁就儿子；另一方面又把自己无法接纳的无能投射给孩子，认为孩子永远需要被照顾，而自己是一个全能的妈妈。

这让一个男孩永远是男孩，不能成为男人，也就是心理学提到的，这个男孩被"阉割"了。这个男孩会永远在内疚和痛恨父母的深渊中煎熬。因为，他最重要的、作为个体存在的价值和意义被妈妈剥夺了。在这样没有底线、没有原则的爱的裹挟下，一种情况是男孩成为"妈宝男"，忠诚于妈妈，而其对妈妈的"恨"就通过婆媳冲突外化表达；严重的情况是男孩在长大之后成为"啃老族"，即事事迁怒于父母，又无法作为成年人对自己负责。

成为"足够好的妈妈"

我们努力提升自己的重要原因之一在于孩子。我们不想成为坏妈妈，但是，如果又不能成为"完美妈妈"，那么，我们应该成为什么样的妈妈呢？心理学家温尼科特提出，我们应该成为"足够好的妈妈"，这也可以理解为"合格的妈妈""60分的妈妈"。

一个足够好的妈妈，是可以随孩子的成长状态而调整自己的。

孩子还是婴儿的时候，妈妈能以孩子为中心，把孩子的需要放在自己的需要前面，让自己成为背景去敏感地获取和回应婴儿的需要。镜映、涵容和心智化都是为了更好地回应和调协孩子的需求。

随着时间的推移，妈妈能逐渐减少代替婴幼儿自我的做法，鼓励孩子探索，妈妈能感受且接受被孩子"抛弃"。这意味着，妈妈和孩子之间存在一种空间，一种让孩子可以表达自我的空间，这样做就可能成为"足够好的妈妈"。

想成为足够好的妈妈，我们主要可以从以下三个方面入手。

1. 把孩子当作独立的个体

把孩子当成独立的个体的关键是要尊重孩子的选择、情绪和空间。孩子和我们一样，对被如何对待有着敏感的体验。有的父母会觉得孩子什么也不懂，常常奚落和取笑孩子。事实上，孩子的感受常常比成年人更敏锐。

有时候我感觉孩子就像父母的私有财产，在为父母活着，而很多父母常常认为这是理所当然的。这样导致了个体边界的模糊。所以，很多父母干涉孩子报什么学校、学什么专业、与什么样的人结婚，等等，因此导致冲突的情况也非常多。

把孩子当成独立个体也意味着把孩子当成孩子。父母需要看到孩子的脆弱，从而接纳孩子依恋的需求。在给予孩子足够的理解、支持、鼓励和赞赏的同时，父母也需要为孩子设立规则，给予指导。这可以让孩子感到安全，就像我们开车去一个陌生的地方，地图和导航可以让我们知道该往哪里走，从而感到安全和安心。

2. 接纳自己对孩子的"恨"，接纳孩子对自己的"抛弃"

亲子关系的核心在于，我们不仅要爱孩子，为孩子提供母性的功能，比如镜映、涵容、心智化等，我们还需要接纳自己对孩子的"恨"。"恨"让我们和孩子之间的爱有一个空间，一个让孩子获得自我成长和独立的空间。

爱和恨就像硬币，一体两面。我们对孩子又爱又恨，对父母也是如此。我们常常接受爱，却难以接纳恨，这会让我们缺失自我的一个部分。

另外，家庭和夫妻关系是孩子健康成长的非常重要的背景，恩爱的夫妻是孩子学会爱最好的榜样。

3. 建立反思性的养育方式

好妈妈和坏妈妈之间的差异不在于会不会犯错误，而在于如何处理所犯的错误，这就需要妈妈的反思性功能。毫不夸张地说，作为妈妈，我们都会犯错。但关键是我们是否会反思，从而调整自己的养育方式。比如，当我们和孩子关系断裂的时候，我们能否反思，并主动修复关系。

所有的孩子都是独一无二的，我们需要同时从孩子和自己的视角看世界，需要让自己保持开放性和好奇心。不要让我们固有的经验限制自己，也限制孩子。毕竟，在养育孩子的过程中，你是什么样的人，比你如何做更重要。

建立具有反思性的养育方式，我们需要常常反思以下问题。

（1）孩子有什么样的情绪？为什么会有这些情绪？孩子希望从你这里得到什么样的回应？这些回应包括情感回应、语言回应或者身体回应。

（2）你的限制性语言"不能""不应该""不要"等是不是用得太多了？你在什么情况下会用这些语言？你能说出孩子10个优点吗？分别是什么？

（3）你是不是把孩子的兴趣变成了一种竞争取胜的要求？是不是在无意中抹杀了孩子探索的动力？孩子真正的兴趣是什么？

（4）你会让孩子情绪失控或者崩溃的点是什么？根据以往的经验，在什么情况下你可以安抚孩子，什么情况下孩子会更加失控？有没有其他的方式或者资源能改变这类情况？

（5）孩子的哪些行为会使你情绪崩溃或者失控？是什么样的情绪？搜索过往的经历和经验，你会发现什么？

（6）作为妈妈，哪些是你擅长的，哪些是你不擅长的？发展擅长的，避开不擅长的。遇到不擅长的事时要寻求解决方案，不强迫自己成为全能妈妈。

比如，我比较擅长和孩子做游戏，但是不擅长照顾孩子洗漱、吃饭，所以我常常和孩子玩耍，但对他们生活方面的照顾很少。当然，这需要有解决方案，比如由阿姨代替我照顾他们的日常生活。当然，你也可以学着去做，但是，一定不要太勉强自己，照顾孩子时如果太有压力，我们就容易情绪失控，而情绪会给孩子带来更加不好的影响。

不断反思自我可以让我们更加了解自己和孩子，也更能照顾好自己和孩子。

第二十七章

表达：如何形成自己的母爱表达风格

我听过很多父母对养育孩子感到忧虑，为此他们报了许多育儿课程。他们在众说纷纭中，感觉自己不知如何是好。其实，每个孩子都是独一无二的个体，每个妈妈也有着不尽相同的成长经历，这样的匹配决定了亲子关系的独特性。因此，在养育孩子的过程中，我主张每一位妈妈都要根据自己和孩子的特点，形成自己的养育风格。

育儿除却一些基本的科学知识，它的核心在于父母是怎样的人，即父母的人格决定了养育的质量。

你是什么样的人比你做了什么更重要

我们的行为常常由我们内在的人格决定，孩子内化的是我们内在的人格特质。比如，一个严苛的妈妈总是批评孩子，那么孩子会内化妈妈的批评，长大之后对自己和他人都很严厉；一个冷漠的妈妈总是忽视孩子，孩子会内化妈妈没有回应的特质，长大之后也常常忽视自己和他人。

因此，我们需要了解自己是怎样的一个人。这就需要我们找到那些自我不接纳的阴影，让"阳光"照进来，完成自我接纳。这样，我们在养育孩子的过程里，才不会给孩子带来看不见的伤害。

举个例子，一位妈妈小时候常常被父母严格要求，且总被批评不够优秀。因此，这位妈妈对自己很苛刻，总觉得自己什么都不好，有时候甚至觉得自己一无是处。比如，她觉得自己太胖，对自己的身材极不满意。但是，她又很喜欢吃零食。于是，在很长的时间里，她会控制一段时间不吃零食，而当她情绪不好的时候，又会失控地吃很多，她常常因此自责。这样的情况延伸到她和女儿的关系中。她常常非常严格地控制女儿吃零食，而控制常常带来失控。所以，她的女儿就非常执着于零食。

我们知道，孩子吃太多零食确实不好，限制孩子的零食数量通常是没问题的。但是，这位妈妈对孩子的限制可能带来孩子的对抗，原因是她自己就没有真正完成"吃"的议题。因此，她需要根据自己和孩子的情况，在自我接纳的同时也接纳孩子。吃零食让妈妈焦虑，她担心孩子会没有节制地吃，这实际上是妈妈把对自己的焦虑和担心投射给了孩子。如果妈妈能淡定地给孩子设立规则，那么也就能很好地应对孩子突破规则的情况，而不是发展出一场场和孩子的拉锯战。

不同的内在特质会形成对待孩子的不同方式，我们在成长的路上，不可能一下子就成为"足够好的妈妈"。但妈妈是最了解孩子的，因此，妈妈需要根据孩子的需要调整自己的养育风格。

现在，我建议大家列出 5 个以上养育孩子的独特时刻。在那一刻，你和孩子联结在一起，你是快乐的、享受的。把这些时刻描述出来，你会发现你拥有自己独特的和孩子相处的方式，或独特的、有效的养育理念。

通常，人们养育孩子的风格包括信任、真诚、温和、开放、严厉、细致、严谨、幽默、善良、友善等。我们不可能拥有所有美好、优秀的品质，但是，这当中一定有你所具有的，找到它，坚持它，你将拥有与孩子独特的联结和传承。

举个关于信任的例子。我女儿在读小学期间一直没怎么上课外班，受心理学的影响，我更注重她的感受和选择。她是一个爱玩的孩子，因此，常常都是临近开学的时候才做寒暑假作业，有时候做不完会急得大哭。这个过程对我而言是一个极大的考验。因为她的很多同学都在上课外班，这常常让我焦虑。对于寒暑假作业，我坚持她的事情由她自己规划和负责，但结果常常让我感觉挫败。为此，我常常在内心告诉自己：孩子总是在错误中成长的，我需要信任她，也信任自己。我觉得自己是一个上进而有规划的人，我相信我的女儿，只要给予她足够的爱、支持和赞赏，她就会内化我的品质，也拥有这些品质。

如今，她已经读初二了，成绩很好。她喜欢绘画，并且开始为自己的理想而奋斗。虽然还是很爱打游戏、爱玩，也时常对我发脾气，但是，我看到了她的内在，她善良、坚韧而富有勇气，这也是我所期望的。我很清楚，我不能给予她最好的教育、最好的未来，但是，她拥有的内在品质可以支持她获得美好的人生，因为她对自己有足够的、真实的信任。

在养育孩子的过程里，信任孩子和信任自己同等重要。

再举一个例子。比如，在养育孩子的过程中，真诚而开放地表达对孩子的爱，常常可以化解许多亲子冲突。

真诚而开放意味着我们把孩子当成独立的个体与之交流，我们需要开放地表达自己内在的感受、理解和思考，这一点对于更大的孩子是很重要的。交流的核心不在于对错、应不应该，而在于感受、理解和思考。在日常生活里，我已经习惯了向孩子提要求、下指令，而不是平等地沟通。因此，我们需要改变方式，学会沟通，在这个过程里认可和接纳孩子的情绪，倾听孩子内在的声音，也让孩子理解我们。

我们认可和接纳孩子的情绪，并不等于我们要满足孩子。我们之所以会在孩子提要求的时候生气是因为我们认为自己不得不满足孩子，于是也就不想去安抚孩子。比如，孩子去游乐园玩，常常到了时间仍然不肯离开，还闹脾气。有的父母为了安抚孩子的情绪，会妥协，让他们再多玩一会儿，或对孩子发脾气，强行离开。其实这两种做法都忽视了和孩子真诚的沟通。事实上，也许你可以和孩子说："我知道你喜欢在这里玩，我也很喜欢这里，我也知道要离开这里让你很不开心，但是我们确实需要回家了，现在已经很晚了，我们需要回家做饭吃饭，所以我们真的要回家了。下一次妈妈还会再带你来玩的。"通过这样的语言交流，孩子会感觉自己的情绪是被接纳和理解的，也明白自己内心的意图和别人是不一样的，这就为孩子提供了一个体验和思考的空间。这样，孩子就会逐步学会在现实中妥协，学会应对挫败感。

因此，妈妈们完全可以放心地、真诚而开放地和孩子沟通，表达自己内心的思考。这是别人无法取代的，是你和孩子之间独一无二的体验。

我们都会用一些词形容我们的父母，反过来，当我们的孩子长大后，他们会用什么样的词来形容我们呢？这些词就是我们身上具有的独特的品质，也会成为孩子内在的核心部分。

你是怎样的一个人，你具有怎样的优秀品质，决定了你的养育特质。没有完美的父母，也不存在"正确""最佳"的养育方式。

"以自己的方式"养育孩子，和镜映、涵容和心智化等一样重要。

对于如何当父母，我们都是从零经验到有经验，其中的艰辛只有自己最清楚。接纳自己、爱自己、成为自己，是给孩子和自己此生最好的礼物。这里，我有一部关于为人父母、为人子女和为人伴侣的好剧分享给大家：《我们这一天》（*This is us*）。

第二十八章

依赖与独立：在爱中分离，发展孩子独立自主的能力

依恋与独立

孩子的自我发展是从全然的依恋到依赖，再发展到独立。这样的独立从根本上来说，是人格的独立。人格的独立意味着有自己的主张和见解，并且能坚持自我；意味着能接受他人的观点和差异性，拥有清晰的人际边界；也意味着不会害怕离开某个人就活不下去。

当然，和成年人不同，孩子必须依赖父母才能活下去。

事实上，孩子的成长就是一个依恋性减弱、独立自主性增强的过程，也是一个逐步分离、变得个体化的过程。即从婴儿期对妈妈全然的依恋，到幼儿期开始发展自我，有自己的主见，再到儿童期开始离开父母，和伙伴建立关系，接着到了青春期，开始不认同父母，逐步完成自我的独立。

一元、二元和三元关系

孩子想成为独立的自我，拥有独立的人格，必须和父母在爱中分离。即从婴儿期和妈妈共生的一元关系，到幼儿期和妈妈紧密联结的二元关系，再到 3 岁多读幼儿园时，发展出和爸爸、妈妈同时存在联结的三元关系。发展出三元关系就是确立自我和独立的标志。

一元关系大概在孩子 0 ~ 2 个月大时出现，这时孩子和妈妈是共生的，孩子拥有一种全能自恋，会觉得妈妈是自我的一部分。这个时候妈妈要把孩子的需求放在第一位，尽量满足和回应孩子。对于妈妈而言，比较困难的是二元和三元关系。

二元关系大概在孩子 3 ~ 24 个月大时出现，这时孩子和妈妈从融合的感觉里逐步分化，孩子的自我开始诞生。孩子开始区分妈妈和自己，对陌生人会产生焦虑。孩子开始走路、说话，开始探索这个世界。这是一个从分化转向独立的过程。这个阶段孩子还非常依恋妈妈，所以无论孩子在做什么，他都会确认妈妈是否在自己身边。当孩子会走了以后，一步步地远离妈妈，走的每一步，都是孩子朝向独立的一步。

这个时候孩子还陶醉于自我无所不能的感觉里，他对这个世界充满好奇心，感到无比兴奋。妈妈在这个阶段常常感觉被折腾得筋疲力尽，因为孩子仿佛永远精力旺盛。一个好妈妈在这个时候要提供一种安全的"在场"，也要充分满足孩子无所不能的自恋需要，要进行及时的、精确的、共情的回应。如果这个时候妈妈常常给予孩子打击、批评并强行压制孩子的探索行为，那么孩子就会产生之前提到的自恋受损或低自尊的问题。

我和儿子常常玩"你来抓我呀"这个游戏。玩游戏时，他会跑开，然后我会抓住他，之后我又假装让他挣脱逃走，这个时候他就会非常兴奋。或他来抓我，而我总是被他抓住，他也会非常激动。因为他会感觉他在控制我，这会带给他一种全能的感觉，让他形成自尊感。

分离总是在爱中完成，即在安全依恋里完成，因此，妈妈的状态和回应是非常重要的。妈妈需要用欣赏的、带着微笑的、深情的眼光看着孩子探索世界，不断地鼓励和赞赏孩子，和孩子产生共同的喜悦和快乐，就是共情的过程。这样，妈妈就和孩子建立了安全的依恋，孩子在这样安全的感觉里才可以更加自信地表达自我的主张、需求和情绪，从而更加独立。

同时，分离需要健康的攻击行为，所以，妈妈要经得起孩子的攻击。在安全依恋里，孩子的攻击性会自然地表达并被妈妈接纳，孩子需要感到，即使他攻击妈妈，也不会遭受妈妈的报复。

在三元关系里，在孩子 2 岁之后，爸爸需要更多地介入养育孩子的过程，孩子需要和爸爸、妈妈发展出三元关系。事实上，爸爸的介入非常重要。有很多妈妈和孩子共生的原因之一就是爸爸在家庭中情感方面的缺位。于是，妈妈把所有的情感都投注在孩子身上，这就使得孩子无法从二元关系发展到三元关系。爸爸和妈妈共同养育孩子并且夫妻恩爱，就是孩子学习成熟的爱的最好示范。

此时，孩子的个性逐步增强，自主性越来越强，内在关系模式也基本形成并趋于稳定。孩子会不断地表达自我需求，会想自己做很多事情，依然从早到晚精力旺盛。而之前温暖的养育经验可以让他面对分离和挫折时不被压垮。

从一元到三元关系的发展过程对孩子至关重要，对妈妈也是很大的考验。事实上，妈妈需要从最早全然生活在孩子的世界里逐步撤回，开始关注自己的事情和夫妻关系，要有自己的兴趣，这样，就会留出孩子需要分离的空间。这个过程是缓慢的，不是断崖式的。

婴儿式依恋和成年人依恋

婴儿依恋妈妈是生物属性，和妈妈分离则是自我诞生和发展所需要的。因此，孩子总是会在依恋和独立之间不断摇摆，这让孩子非常焦虑。孩子在走向独立时经历焦虑，有的妈妈会安抚孩子。顺利完成和父母分离的孩子会拥有成熟而稳定的人格。这样的人既不恐惧依恋，也不会觉得不依恋某个人不行。

孩子的分离必须在安全依恋的亲子关系里逐步完成。当父母对孩子的爱足够稳定和长情时，就会被孩子内化，成为孩子内在的父母。内在的父母让孩子即使在身心和父母分离的时候，也总是能感受到爱，不会被分离后的孤独和恐惧所击倒。因此，在孩子走向独立的过程中，父母需要持续提供爱。

如果孩子在小时候没有得到安全的依恋，那么，他们就很难在发展中分离。这样，就会形成分离的困难，严重情况下会形成分离障碍或依恋障碍。有一类人，他们没有真正完成和父母的分离，而是保持了一种婴儿式的依恋。这在亲密关系中常常表现为需要另一个人全然的关注和照顾。比如，如果失恋，就会感觉难以活下去。在亲子关系里，他们想要和孩子共生，紧紧地抓住孩子不放，害怕自己被抛弃。

而另一类人则以反向形成的方式来应对无法完成的分离个体化，即假性独立。这样的成年人会表现出过度的独立，他们看起来不需要依恋任何人。因此他们难以和伴侣建立深厚的情感联结，而在养育孩子的时候，他们对孩子的身体和情感也常常保持一定的距离，很多时候实施的是教条式的养育。假性独立背后是对依恋他人的恐惧，其深层原因是害怕被他人羞辱、抛弃等，害怕处于一种无助和无价值的状态。

这两种类型的人常常会成为伴侣，前一类人依恋后一类人，而后一类人则依赖于前一类人"对自己的依恋"，通过强制关心和照顾对方体现自己的价值感，这是一种合谋的关系。

这样的合谋也常常出现在亲子关系里。比如有一位妈妈认为自己孩子的肠胃有问题，坚持每个月带孩子去医院看病、吃中药。而我在为这个孩子开展咨询工作之后，发现这个孩子的体质和食欲都非常好，但有非常多的冲动行为，其原因就是妈妈坚持投射孩子的身体有问题，需要她的照顾。究其原因，可能是这位妈妈在早年遭受过严重的饥荒。

如果妈妈因为早年创伤出现了依恋方面的问题，那她就需要积极重视解决问题。一方面，她可以通过听课、学习、觉察、体验和反思，在关系里积极地投入以带来改变；另一方面，如果她能和伴侣建立一种稳定而温暖的亲密关系，那么，依恋的困难就会自然解决，因为伴侣是最好的治疗师。除此之外，她也可以考虑通过心理咨询获得成长。

一个拥有成熟而独立人格的人，可以对自己负责，也可以在需要的时候依恋他人。根据约翰·鲍尔比的观点，一个人要能够在受伤、苦恼的时候信任他人，并且在情感上依赖他人，才能更好地远行，更好地独立面对挫折。所以，在成年人的世界里，依恋与独立既是两条独立的线路，又相互关联。你会发现，你越信赖他人，就越不需要黏着他们。

第二十九章

骄傲的勇气：孩子获得幸福和成功的基石

骄傲和羞耻

为什么人要"大胆地骄傲"？一方面，"骄傲"是一种健康的情绪，是一种对自己通过努力获得成功的喜悦，也是一种想通过"炫耀"而向他人分享喜悦的情感。比如，我4岁的儿子会得意扬扬地对别的小朋友说："你看，我的火车比你的跑得快。"而我女儿在小学时和同学吹嘘说："我妈妈是国家二级心理咨询师。"我们也会看到很多父母或祖父母在他人面前夸耀自家孩子，这些行为事实上都是骄傲感的本能反应。

而另一方面，在孩子的成长过程中，孩子也非常渴望父母能够分享骄傲感，并为他们感到骄傲。而作为父母的我们，如果内心能真实地为孩子感到骄傲和喜悦，这对孩子自尊的发展是非常重要的。通过父母的回应，孩子能真正感到自己是好的、是有价值的、是有能力的。这些美好的感觉也是孩子在未来遭受挫折时可以为自己提供能量的精神食粮。

说到骄傲，就不得不谈到另外一种情感——羞耻感。羞耻感是自尊受损的核心体验，是我们在面对个人失败、能力不足时，感觉自己不好的一种情感。在公众场合下，我们的羞耻感可能加重。严重的羞耻感常常导致自我厌弃或自我憎恨，在我们感到羞耻的时候，我们要么回避，躲藏起来，要么表现自大、防御他人。

当孩子感到学业困难或竞争失败，被同伴排斥、嘲弄甚至欺凌时，都会产生羞耻感。而父母的批评、指责、拒绝、贬低和鄙视更是孩子自尊的"杀手"，这会让孩子深陷羞耻感，活在失望和憎恨中，并且困扰终身。孩子还可能发展出消极对抗，或无法为长远的目标持续努力。

孩子还有一种容易被忽视的羞耻感来自先天的不足，比如运动协调障碍、阅读障碍等，这些不足通常都会引发孩子强烈的羞耻感。

事实上，每个孩子都有对骄傲的需求，也会对羞耻感采取回避态度，这是他们成长的动力，将贯穿孩子的一生。

其实，成年人也一样需要骄傲的勇气，需要让自己骄傲起来。骄傲的感觉越多，人们就会越接纳自我、越自信，羞耻感也越少。孩子骄傲的情绪需要得到父母的满足，这是发展自尊的重要方式，也是孩子幸福和成功的基石。

骄傲与自大

提倡满足孩子骄傲的情绪，可能会让作为父母的我们有些担心。骄傲是不是和自恋、自大或自我膨胀一样呢？我们这样做会不会太纵容孩子，导致孩子没有自知之明而骄纵呢？

答案当然是不会。

在我十多年的临床咨询经历里，以及我的学习过程中，我见过、听过很多有愤怒、冲动、消极或厌学情绪的孩子。有的孩子沉迷于网络游戏，有的孩子考试成绩不够理想就非常自责，其背后原因主要与被批评、贬低有关。很多孩子甚至被过度批评，或者被大人用"猪""窝囊废"之类极具侮辱性的语言谩骂，他们当中很少有人被好好表扬。这实际上就是情感忽视。

当然，我们也要区分健康的骄傲情绪和自大、自恋的情绪。真正的骄傲基于实际的成功，是为自己付出的努力真正感到自豪。而自大是一种自认为全能且拥有特权的不健康自恋，是一种夸大的、扭曲的自我认知。比如清高、傲慢这样的情绪就不是骄傲，而是一种为了掩盖难以启齿的羞耻感而产生的防御。具备这种特质的人会给人一种拒人于千里之外的感觉，因为他们害怕甚至恐惧自己真实的、糟糕的自我会被他人洞察，这会引发强烈的羞耻感。

因此，骄傲和自大有本质上的差别。骄傲基于健康自恋，处于高自尊水平；而自大基于不健康自恋，处于低自尊水平。允许孩子表达骄傲有利于孩子体会自己的优点与长处。

如何表达"为孩子骄傲"的情绪

向孩子表达为他骄傲的情绪，即表达对孩子的赞赏和表扬，有三个要点。

第一，聚焦于孩子付出的努力和取得的成果。

我们赞赏和表扬的重点是孩子的态度，比如他的努力、坚持、认真，及其带来的收获。斯坦福大学心理学家卡罗尔·S. 德韦克（Carol S. Dweck）和同事做的重要研究表明：让孩子明白，要想达成目标，努力比能力更为关键，这样做会对孩子的发展产生积极的效果。

而努力是一种态度，是一种获得成功的态度。通过努力获得成功，会让孩子拥有一种自我胜任的感觉，他们会相信自己可以通过努力达成目标。这样的能力对耐受挫折非常重要。

在日常生活中，为了让孩子感觉骄傲，我们的赞扬需要具体。比如，孩子做作业虽然出错了，但是他很认真地改错，这时我们可以表扬他认真的态度。

第二，结合"外在奖励"，注重"内在回应"的赞赏和表扬模式。

很多教育类图书会鼓励家长用"外在奖励"的方式表扬孩子，比如小红花、糖果和金钱。这种方法对幼儿园的小朋友比较有效，但随着孩子的成长，孩子常常不屑于努力争取这样的奖励。同时，如果主要用这种方式表扬孩子，实际上是在忽视孩子内在的情感，并且只注重外在物质和利益，会使孩子在感受上变得肤浅，这对孩子的人格发展没有好处。

比较好的方式是，对于在儿童期之后的孩子，即使我们想使用"外在奖励"，也需要重视"内在回应"。内在回应即以微笑、赞许和欣赏的目光给予孩子回应。很多时候，一个拥抱加一句"我为你骄傲"就能直抵孩子的内心。

第三，避免"空洞的表扬"。

卡罗尔·S. 德韦克的研究还表明：肯定孩子的能力而非孩子的努力会带来许多消极影响。这事实上是一种"空洞的表扬"，因为可能在父母表扬孩子很棒的时候，其实孩子既没有努力，也没有做出任何很棒或很特别的事情。

举个例子，在一堂主题与养育有关的讲座上，有一位妈妈问我，为什么她正在读高中的孩子非常懒，做什么都需要别人叫他，他才会做。比如吃饭要叫他，拖地板要叫他，就连洗澡也要叫他，要反复地叫他，如果不叫他，他可以一个星期都不洗澡。

每个人的天性都是正向的、勤快的，一个人要让自己一直保持懒的状态需要很大的能量。所以我觉得她的孩子处在一种强大的对抗状态里。他想要对抗妈妈的控制，对抗妈妈对他自我功能的剥夺。他会认为，如果都按妈妈的意思去做，那我和提线木偶有什么区别呢？

对于独立个体而言，"谁说了算"是一个重要而严肃的问题。

我记得当时我问了那位妈妈一个问题："你是否相信你的儿子有能力做好他自己的事情，你是否会因为他做了好事而赞赏他？"

妈妈回答我说："我有呀！比如，他那天去打开水，我就夸他'你好棒'。"

妈妈对读高中的儿子的赞赏就属于"空洞的表扬"，没有实质的意义。她的儿子也不会因为这句话而感觉自己真的很好、很棒。这样的表扬常常会带来副作用，会让被表扬的人觉得自己更糟糕。也许，她的儿子会嗤之以鼻，觉得打个开水这种小孩都会的事，有什么可夸的？因此，父母在赞赏和表扬孩子的时候，不要不切实际、言不由衷。这个建议我同样送给成年人，成年人在处理伴侣关系、同事关系时常常也是如此。

最后，我还要强调，对于孩子的努力、坚持和发展过程，我们要毫不吝啬地表达我们的赞赏。

第三十章

榜样的力量：如何让孩子从你身上获得内在力量

认同与自我

父母是孩子依恋的对象、力量的来源。父母是怎样的人，会有怎样思考、言行，都会对孩子产生影响。

这个学习的过程就是认同。

认同是推动人格形成的重要机制，即孩子内化父母的品质的过程。他们学习如何像父母那样思考、感觉或行动。这样，父母就被纳入孩子的自我，并且成为孩子人格的一部分。我们常常提到的内在父母就是在孩子的成长过程里长年累月形成的。因此，父母是怎样的人，是真正决定孩子人格的重要因素。无论你学习了多少养育孩子的技术和方法，孩子内化的都还是有关你人格的部分。这种内化主要是通过潜意识发生的。

认同本身没有好坏，无论父母是温暖、包容的，还是冷漠、苛责的，这些都会被孩子内化。比如，开朗的父母会养育出开朗的孩子，邋遢的父母会养育出邋遢的孩子。

父母对孩子的影响如此深远，无论你为人父母是否合格，你都是孩子的榜样，孩子都会认同你身上的品质。如果我们想让孩子活出内在自我的力量，可以让孩子内化我们身上好的品质，比如坚韧、包容、善良、勇气等。

如果爸爸或妈妈缺席，那么孩子就会产生幻想认同。孩子会在内心幻想爸爸或妈妈的样子，也许电视里某个英雄或偶像是爸爸或妈妈的原型。孩子长大后，会把他幻想中的爸爸或妈妈形象投射到老师、领导或伴侣身上，以此期望获得早年缺失的爱。但是常常事与愿违，因为幻想中的父母是被理想化的，现实的关系是无法满足这种理想的。这就导致孩子在成年之后，常常过度理想化他人，之后因为理想破灭，而与他人断绝关系，陷入痛苦，如此反复。

认同有很多层面，要想理解我们自身及孩子内在到底认同什么，我觉得有两个思考方向，也许你可以尝试把它们写下来。

其一，你从爸爸和妈妈身上分别认同了什么？你对他们的渴望分别是什么？

其二，你的孩子认同了你身上的什么？他内在对你的渴望是什么？

举个例子，一位总是在孩子面前抱怨和指责丈夫的妈妈，她内心对丈夫是失望的，甚至是愤怒的，因为她认为丈夫"胆小而懦弱"。但如果回顾一下，会发现她的妈妈对爸爸也是失望的。她认同了妈妈内心爸爸男性的形象，即一个"胆小而懦弱"的男人。而这个男人形象是她建立最早的也是最重要的男性形象，可以说，是她内在男性的原型。

长大之后，她会找一个和爸爸一样的男人，会把内心中爸爸的男性原型投射给伴侣。她在亲密关系里常常会感到失望，她实际上是渴望从爸爸或丈夫身上获得力量和保护的，而现实常常会让她失望、愤怒。

她的孩子可能会继续认同妈妈是一个强大而愤怒的女性，觉得没有一个男性是可以信任和依靠的。那么，她的孩子对妈妈真实的渴望是什么呢？我想是一种稳稳的力量，一种可以信任和爱他人的能力。

孩子对父母都有理想化的需要，因为父母的力量和美好是孩子自我的一部分。如果父母无法彼此认同和欣赏，那么，孩子对父母某一方的认同就会带来双方的冲突。孩子往往选择认同最照顾他的人，这是出于生存的需要。

当孩子需要在父母之间站队的时候，孩子就不再是孩子，而成为夫妻之间内在及外在"战争"的工具或牺牲品。这会对孩子的发展带来极大的伤害。

现实自我与理想自我

自我有很多部分，比如我们对现实中的自己的感知，即现实自我；我们内心渴望成为的自己，即理想自我。我们内在都有理想自我，我们也会不断地努力实现这个自我。我鼓励女性的理想自我包含"独立"和"自由"的元素，我也认为，这是给孩子最好的榜样。走向独立和自由是一个过程，回忆我自己的成长历程，我走了十几年，还在路上，但走得越来越好。

同时，我也觉得，现实自我其实常常离理想自我很遥远。这常常让我们对自己失望，对未来失望。不过，我们常忽略一些内在的本质，那就是成为孩子的榜样不在于我们拥有多少财富和权力，获得了多大的成就，而在于我们如何面对自己的人生困境。是自暴自弃，还是充满希望而坚韧？

作为父母，我们展现出来的面对挫折的勇气和坚韧是孩子应该认同的最重要的，也最有力量的部分。因为勇气和坚韧可以让孩子持续地为实现理想自我而努力，这种积极的内在力量可以让孩子在面对挫折的时候能更快地走出低谷，而不会陷入抑郁或放弃理想和自我。

对此，我自己深有体会。人到中年，虽然生活坎坷，但还好我没有放弃。让我非常欣慰的是，我在女儿身上看到了她内在坚韧的品质，可以预见，她内在的独立思想和追求自我的精神正在成为她生活的动力。因此，要让你成为自己，拥有独立和自由的勇气；让你的孩子成为自己，拥有内在生命的力量。

希望，是一切的源头

在我的生命历程里，无论是我的朋友还是我的来访者，他们身上最让我感动的是，即使经历了难以承受之痛，面对困境也依然心怀希望。而希望，是一切的源头。

希望和骄傲一样，常常被我们忽略。你对自己抱有哪些希望？又对什么满怀失望呢？我们会发现，对伴侣的失望、对爱的失望、对自己的失望和对孩子的失望等，会成为困扰我们自己的根源，让我们陷入消沉而低迷的情绪，或感觉愤怒。失望久了，会成为一种习惯。

大多数人想成为足够好的妈妈、成为理想的自己、成为孩子的榜样，也许你不是做得最好、最完美的那一位，但是你可以成为一个充满希望的自己，这本身就是给孩子最好的礼物。孩子和我们一样，无论我们如何保护他们，他们都要面对人生的挫折和丧失，我们能给予他们的最好的礼物就是：即使受挫，也心怀希望。

成为心怀希望的妈妈并不容易，因为有太多的伤痛让我们裹足不前，失去希望。这是常常会发生的事情。我们应接纳自己消极的一面，同时认同自己坚韧的一面。就我自己的经验而言，我常常隔

1 ～ 2个月就会有几天感觉很闷，什么也不想做，之后会慢慢好起来。在这个过程中，不陷入自我否定是非常重要的，自我否定会让我们持续地感到自己很糟糕。我的应对方式是接受自己的感受，和自己的感觉共处，好好休息，做自己喜欢的事情，同时相信那些有力量的部分会慢慢地回来。

　　我的督导的督导老师肯尼斯·巴里西（Kenneth Barish）教授有着近40年儿童和青少年临床工作经验和研究。他在《积极的情绪，自信的孩子》一书中提出"希望"可以增强孩子的"情感免疫系统"。作为父母，我们有两个方向可以与孩子建立积极的情感：一方面是我们的内在是充满希望的，孩子会通过认同我们而发展这种充满希望的品质；另一方面是，我们需要共情、理解、思考孩子面对挫折、失望、受伤和被不公平对待时的感觉，同时和孩子保持积极的对话。这两部分都可以让孩子发展复原力，不被消极的情绪困扰，从而获得自信，拥有热情的态度。

参考文献

［1］西蒙娜·德·波伏瓦.第二性 [M].郑克鲁，译.上海：上海译
文出版社，2014.

［2］阿琳·克莱默·理查兹.女性的力量：精神分析取向 [M].刘文
婷，王晓彦，童俊，译.北京：世界图书出版公司，2017.

［3］巴塞尔·范德考克.身体从未忘记：心理创伤疗愈中的大脑、
心智和身体 [M].李智，译.北京：机械工业出版社，2016.

［4］罗伯特·凯伦.依恋的形成：母婴关系如何塑造我们一生的情
感 [M].赵晖，译.北京：中国轻工业出版社，2017.

［5］托马斯·H.奥格登.心灵的母体：客体关系与精神分析对话
[M].殷一婷，译.上海：华东师范大学出版社，2016.

［6］约翰·鲍尔比.安全基地：依恋关系的起源 [M].余萍，刘若楠，
译.北京：世界图书出版公司，2017.

［7］约翰·鲍尔比.依恋三部曲 [M].万巨玲，等译.北京：世界图
书出版公司，2018.

［8］丹尼尔·N.斯腾.婴幼儿的人际世界：精神分析与发展心理学
视角 [M].张庆，译.上海：华东师范大学出版社，2017.

［9］大卫·J.威廉.心理治疗中的依恋：从养育到治愈，从理论到
实践 [M].巴彤，李斌彬，施以德，等译.北京：中国轻工业出
版社，2014.

［10］艾伦，福纳吉，贝特曼.心智化临床实践 [M].王倩，高隽，
译.北京：北京大学医学出版社，2016.

［11］肯尼斯·巴里西.积极的情绪，自信的孩子 [M].莫银丽，
译.武汉：长江少年儿童出版社，2016.

［12］孙隆基.中国文化的深层结构 [M].北京：中信出版社，2015.